Python 游戏趣味编程

童晶 童雨涵 著

人 民 邮 电 出 版 社
北 京

图书在版编目（CIP）数据

Python游戏趣味编程 / 童晶，童雨涵著. -- 北京 ：
人民邮电出版社，2020.7
ISBN 978-7-115-53824-6

Ⅰ. ①P… Ⅱ. ①童… ②童… Ⅲ. ①软件工具－程序
设计 Ⅳ. ①TP311.561

中国版本图书馆CIP数据核字(2020)第063906号

内 容 提 要

本书把趣味游戏开发应用于 Python 编程教学，通过介绍 12 个由易到难的趣味游戏案例的编写过程，带领读者从零基础开始学习。本书共 13 章，系统讲解了 Python 语言基本概念、开发环境搭建、循环、列表、数据类型、条件、复合运算符、字符串拼接、布尔变量、数组、函数、列表操作、面向对象编程等基础知识，还介绍了图片操作、文件读写、声音播放、异常处理等较为实用的编程技能。所有这些知识和技能，都通过游戏案例讲解和展示，贯穿各章，还给出了一些练习，帮助读者巩固所学的知识。附录 A 给出了这些练习题的答案，附录 B 给出了 Python 语法知识在书中相关章节的索引。

本书适合不同年龄层次的 Python 编程初学者阅读和自学，也可以作为中学生、大学生学习程序设计的教材和少儿编程培训机构的参考教材。

◆ 著　　　　童　晶　童雨涵
　责任编辑　陈冀康
　责任印制　王　郁　焦志炜
◆ 人民邮电出版社出版发行　　北京市丰台区成寿寺路 11 号
　邮编　100164　　电子邮件　315@ptpress.com.cn
　网址　https://www.ptpress.com.cn
　廊坊市印艺阁数字科技有限公司印刷
◆ 开本：720×960　1/16
　印张：15.75　　　　　　2020 年 7 月第 1 版
　字数：262 千字　　　　　2025 年 2 月河北第 18 次印刷

定价：69.00 元

读者服务热线：(010) 81055410　印装质量热线：(010) 81055316
反盗版热线：(010) 81055315

前言

写作目的和背景

随着人工智能时代的来临，计算机软件将在日常生活中起到越来越重要的作用，编写计算机程序极有可能成为人们在未来社会的一项重要的生存技能。在众多的编程语言中，Python语法简单，上手容易，功能强大，应用广泛，更容易得到初学者的青睐。

然而，目前大部分Python图书会先系统讲解语法知识，知识量大，读者学习起来有些困难；且所举实例一般偏数学算法，过于抽象、趣味性不强，读者不愿写程序，进而觉得入门难。也有部分图书基于海龟绘图，利用代码绘制几何图形来激发读者兴趣，然而海龟绘图功能简单，不支持互动，趣味性一般。

针对以上问题，本书把趣味游戏开发应用于Python编程教学中，通过12个由易到难的有趣案例，带领读者从零基础开始学习。书中不安排专门章节讲解语法知识，而是让读者通过游戏案例逐步学习新的语法知识，便于读者理解并在实际应用中体会。书中案例经过精心的设计，所有代码均不超过100行，容易上手。读者在学习编程的同时还可锻炼逻辑思维，提升认识问题、解决问题的能力。

美国教育家杜威曾说过："大多数的人，只觉得五官能接触的、实用的东西才有趣味，书本上的趣味是没有的。”同样，对于学习编程，读者看到用Python可以编出很好玩的程序时，感到有趣、有成就感，就会自己钻研，与他人积极互动，学习效果也会得到显著提升。

本书内容结构

本书通过游戏案例逐步引入语法知识，用Python从无到有地开发趣味游戏，从而提升读者对编程的兴趣和能力。全书共有13章和两个附录。

第1章介绍了计算机程序和Python编程语言的基本概念，讲解了集成开发环境的下载配置，并运行了第1个Python程序（1行代码）。

第2章讲解了游戏开发库的安装，字符串、变量、if语句等语法知识，编写了“弹跳的小球”程序（24行代码）。

第3章讲解了for循环语句、循环嵌套、随机数等语法知识，绘制了“美丽的圆圈画”（18行代码）。

第4章讲解了列表的知识，并利用鼠标互动，编写了“疯狂的小圆圈”程序（38行代码）。

第5章讲解了数据类型转换、整数运算、图片导入与显示等功能，应用if语句，实现了“飞翔的小鸟”游戏（58行代码）。

第6章讲解了if-elif-else和input语句、图片旋转、音效播放等功能，实现了“见缝插针”游戏（49行代码）。

第7章讲解了复合运算符、字符串拼接、布尔变量等语法知识，实现了“飞机大战”游戏（88行代码）。

第8章讲解了绝对值函数、列表元素的删除等语法知识，应用键盘控制，实现了“勇闯地下一百层”游戏（74行代码）。

第9章讲解了列表元素的插入、break与continue语句、函数的定义与调用等语法知识，实现了“贪吃蛇”游戏（97行代码）。

第10章讲解了时间模块、文件读写等语法知识，实现了“拼图游戏”（98行代码）。

第11章讲解了二维数组、元组、集合、字典、while循环等语法知识，实现了“消灭星星”游戏（98行代码）。

第12章讲解了面向对象编程，包括类和对象、成员变量、成员函数、构造函数、继承等语法知识，实现了“坚持一百秒”游戏（99行代码）。

第13章讲解了转义字符、异常处理等语法知识，利用第三方图像处理库实现了“趣味图像生成”（70行代码）。

附录A给出了书中所有练习题的参考答案。

附录B列出了Python语法知识在书中出现的对应位置。

本书特色

和市面上同类图书相比，本书有以下几个鲜明的特色。

- 为初学者量身打造。大部分图书使用的是Python官方集成开发环境，对初学者来说较复杂；为了降低初学者的学习难度，本书选用编程猫的海龟编辑器。Python图书一般会系统讲解所有的语法知识，使得初学者记忆负担大、学习难度高；本书先讲解较少的语法知识，然后利用这些语法知识编写趣味游戏，通过游戏案例逐步引入新的语法知识，便于读者学习理解。本书案例按照从易到难的顺序讲解，所有程序的代码均不超过100行，且提供了实现过程的分步骤代码，适合初学者上手学习。
- 趣味性强。大部分Python图书的编程案例偏抽象、枯燥乏味，很难让读者感兴趣。本书精选了12个案例，涵盖了多种游戏类型，读者在制作这些趣味程序的过程中，会有很强的成就感。本书分解了案例的实现过程，每个步骤的学习难度较低，读者很容易就能体验到编程的乐趣，能快速提升学习兴趣。
- 可拓展性强。本书每章均提供了练习题，以加深读者对Python语法知识、开发游戏方法的理解，还可以锻炼逻辑思维，提升认识问题、解决问题的能力。每章小结列出了可以进一步改进与实践的方向。附录中提供了所有练习题的参考答案。读者也可以参考本书开发思路，尝试设计并分步骤实现任何自己喜欢的小游戏。

本书的读者对象

本书适合任何对计算机编程感兴趣、特别是首次接触编程的人，不论是孩子还是家长、学生、职场人士，都可阅读。

本书适合学习过其他编程语言、想快速学习Python的人。

本书也适合任何对计算机游戏感兴趣的人。了解游戏背后的原理，与其玩别人做的游戏，不如自己设计、开发游戏让别人玩。

本书可以作为中学生、大学生学习Python编程的教材或少儿编程培训机构的参考教材，也可以作为编程爱好者的自学用书。

本书的使用方法

本书每章的开头会介绍该章游戏案例和制作的主要思路。读者可以先观看对应的游戏视频、运行最终的游戏代码，对本章的学习目标有个直观的了解。

本书将游戏案例分成多个步骤，从零开始一步一步实现，书中列出了每个步骤的实现目标、实现思路和相应的参考代码。读者可以在前一个步骤代码的基础上，尝试写出下一个步骤的代码，碰到困难时可以参考配套资源中的示例代码和分步骤实现思路的讲解视频。

在语法知识、案例的讲解后会列出一些练习题，读者可以先自己实践，再参考附录A中给出的答案。每章小结会给出进一步实践方向，读者可以根据自己的兴趣尝试。

读者可以利用附录B查阅相应的Python语法知识，对于本书没有涉及的内容，读者可以在线搜索，或者咨询周围的老师、同学。

本书提供了所有案例的分步骤代码、练习题参考答案、图片音效素材、演示视频，读者可以从异步社区下载。

作者简介

童晶，浙江大学计算机专业博士，河海大学计算机系副教授、硕士生导师，中科院兼职副研究员。主要从事计算机图形学、虚拟现实、三维打印、数字化艺术等方向的研究，发表学术论文30余篇，曾获中国发明创业成果奖一等奖、浙江省自然科学二等奖、常州市自然科学优秀科技论文一等奖。积极投身教学创新，指导学生获得英特尔嵌入式比赛全国一等奖、挑战杯全国三等奖、中国软件杯全国一等奖、中国大学生服务外包大赛全国一等奖等多项奖项。具有15年的一线编程教学经验，开设课程在校内广受好评，被评为河海大学优秀主讲教师；在知乎、网易云课堂、中国大学MOOC等平台的教学课程已有上百万次的阅读量与学习次数。

童雨涵，三年级小学生。爱好广泛，喜欢朗诵、阅读、绘画、舞蹈、声乐等。2019年暑假开始接触Scratch编程，产生浓厚兴趣，跟随爸爸系统学习。2019年年底通过了中国电子学会的全国青少年软件编程等级考试（Scratch）一级考试。2019年11月，获常州“钟楼杯”首届青少年Scratch创意编程大赛低龄组三等奖；2019年12月，获常州国家高新区首届“菁英杯”创意编程大赛低年级组一等奖。

她为本书中的示例设计和场景艺术效果提供了创意想法，是本书游戏示例的测试者，并提出了宝贵的改进意见和建议。

致谢

首先感谢我的学生们，当老师最有成就感的就是看到学生成长、得到学生的认可。也是你们的支持和鼓励，让我在漫长的写作过程中坚持下来。

感谢人民邮电出版社的陈冀康编辑，本书是在他的一再推动下完成的。

感谢深圳点猫科技有限公司授权本书使用了编程猫的相关图片音乐素材。编程猫开发的海龟编辑器非常适合Python初学者，对Python编程教育的普及有着巨大的推动作用。

最后感谢我的爱人刘雪燕，在这个不平凡的冬天支持我埋头写作，也借本书祝愿阳光明媚的春天快点到来。

作者

2020年2月

资源与支持

本书由异步社区出品，社区（https://www.epubit.com/）为您提供相关资源和后续服务。

配套资源

本书提供以下资源：

- 配套资源代码和素材；
- 书中练习解答程序；
- 游戏案例效果视频；
- 书中彩图文件。

读者还可通过异步社区观看配套教学视频。

要获得以上配套资源，请在异步社区本书页面中点击 配套资源 ，跳转到下载界面，按提示进行操作即可。注意：为保证购书读者的权益，该操作会给出相关提示，要求输入提取码进行验证。

如果您是教师，希望获得教学配套资源，请在社区本书页面中直接联系本书的责任编辑。

提交勘误

作者和编辑尽最大努力来确保书中内容的准确性，但难免会存在疏漏。欢迎您将发现的问题反馈给我们，帮助我们提升图书的质量。

当您发现错误时，请登录异步社区，按书名搜索，进入本书页面，点击“提交勘误”，输入勘误信息，点击“提交”按钮即可。本书的作者和编辑会对您提交的勘误进行审核，确认并接受后，您将获赠异步社区的100积分。积分可用于在异步社区兑换优惠券、样书或奖品。

详细信息 写书评 提交勘误

页码： 页内位置（行数）： 勘误印次：

字数统计

提交

扫码关注本书

扫描下方二维码，您将会在异步社区微信服务号中看到本书信息及相关的服务提示。

与我们联系

我们的联系邮箱是contact@epubit.com.cn。

如果您对本书有任何疑问或建议，请您发邮件给我们，并请在邮件标题中注明本书书名，以便我们更高效地做出反馈。

如果您有兴趣出版图书、录制教学视频，或者参与图书翻译、技术审校等工作，可以发邮件给我们；有意出版图书的作者也可以到异步社区在线提交投稿（直接访问www.epubit.com/selfpublish/submission即可）。

如果您是学校、培训机构或企业，想批量购买本书或异步社区出版的其他图书，也可以发邮件给我们。

如果您在网上发现有针对异步社区出品图书的各种形式的盗版行为，包括对图书全部或部分内容的非授权传播，请您将怀疑有侵权行为的链接发邮件给我们。您的这一举动是对作者权益的保护，也是我们持续为您提供有价值的内容的动力之源。

关于异步社区和异步图书

“异步社区”是人民邮电出版社旗下IT专业图书社区，致力于出版精品IT技术图书和相关学习产品，为作译者提供优质出版服务。异步社区创办于2015年8月，提供大量精品IT技术图书和电子书，以及高品质技术文章和视频课程。更多详情请访问异步社区官网https://www.epubit.com。

“异步图书”是由异步社区编辑团队策划出版的精品IT专业图书的品牌，依托于人民邮电出版社近30年的计算机图书出版积累和专业编辑团队，相关图书在封面上印有异步图书的LOGO。异步图书的出版领域包括软件开发、大数据、AI、测试、前端、网络技术等。

异步社区

微信服务号

目录

第1章 Python与开发环境介绍

1.1 什么是Python

如今，我们的生活已经离不开程序。如用计算机写文章、做PPT、看新闻，用手机聊天、听音乐、玩游戏，甚至在电冰箱、空调、汽车、飞机等设备上，都运行着各种各样的程序。

所谓计算机程序，就是指可以让计算机执行的指令。我们和外国人交流，需要使用外语；而要让计算机执行相应的任务，就必须用计算机能够理解的语言。

和人类的语言一样，计算机能懂的语言（也称为编程语言）有很多种。在众多编程语言中，数Python语法简单、上手容易。图1-1所示为用C、Python两种编程语言让计算机输出“你好”，可以看出用Python实现要简单很多。

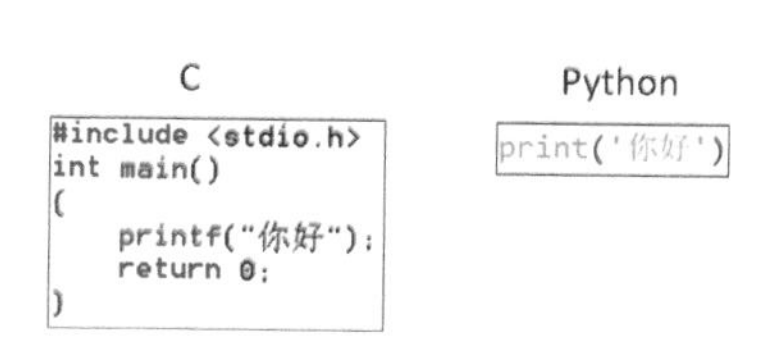

图1-1

另外，Python的功能强大，且被广泛应用于人工智能、网络爬虫、数据分析、网站开发、系统运维、游戏开发等多个领域，是近年来非常热门的编程语言之一。

1.2　Python 集成开发环境

要编写Python代码、让计算机读懂Python程序，我们还需要安装Python集成开发环境。读者可以进入Python官方网站，找到合适的版本下载安装，如图1-2所示。

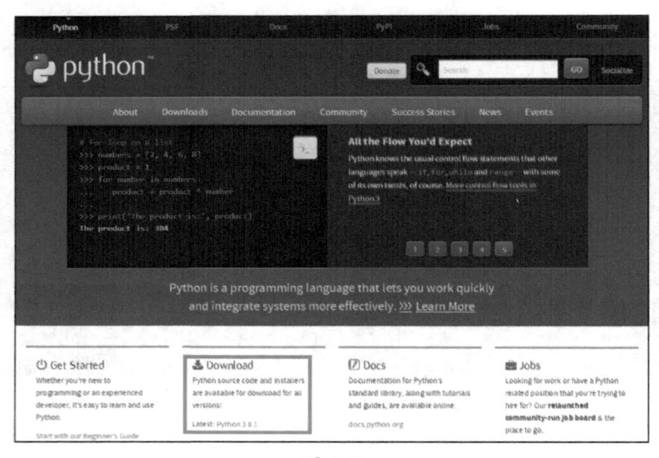

图 1-2

然而对真正的初学者来说，Python官方集成开发环境仍较为复杂，因其菜单命令众多、环境为全英文，还需要手写指令配置第三方库等，其界面如图1-3所示。

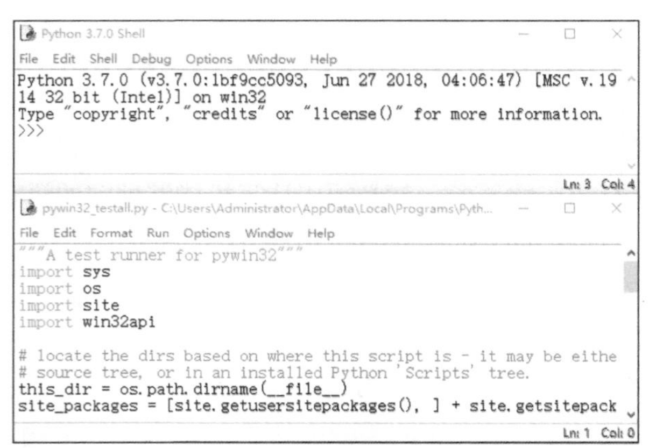

图 1-3

在众多的Python集成开发环境中，笔者推荐初学者使用深圳点猫科技有限公司推出的海龟编辑器，读者可以访问图1-4所示的编程猫官方网站，单击下载客户端，下载文件“海龟编辑器.exe”，双击自动安装，在桌面即可看到海龟编辑器的快捷方式图标，如图1-5所示。

图 1-4

图 1-5

双击图标打开，海龟编辑器默认是积木模式，如图1-6所示。

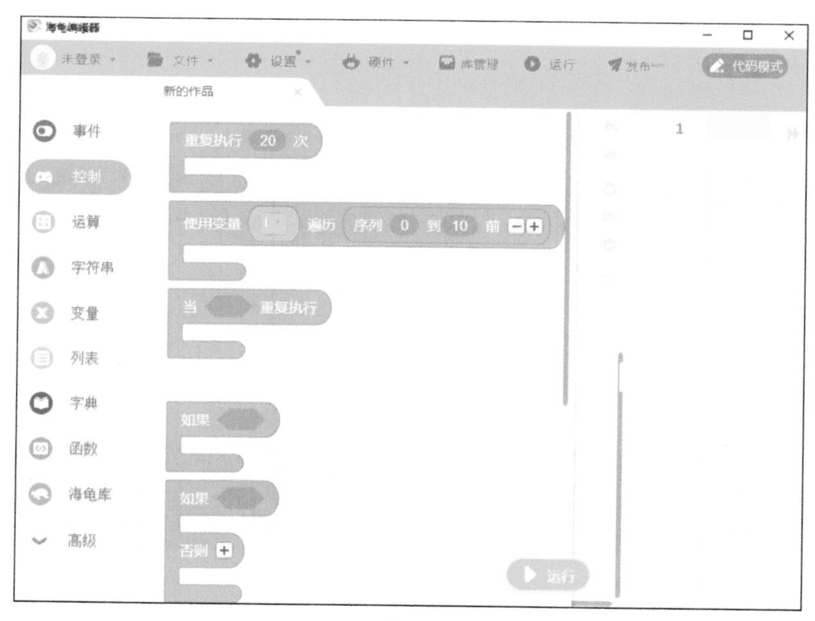

图 1-6

单击右上角的“代码模式”按钮，可以将海龟编辑器切换为代码模式，如图1-7所示。

图 1-7

在代码编辑区中，可以键入一个小程序：

1-2.py

```
print('你好世界')
```

print是输出的英文单词，后面跟的是圆括号，其中的内容会被输出。单引号内的内容，是要输出的字符串。单击右下角的“运行”按钮，可以在下方控制台中看到程序输出的结果，如图 1-8 所示。

图 1-8

提示 Python 语句中的标点符号，如括号、单引号，都是英文标点符号。如果输入的是中文标点符号，那么对应的代码段会变成红色，控制台中的提示语句会出现 Error（错误）字样，如图 1-9 所示。

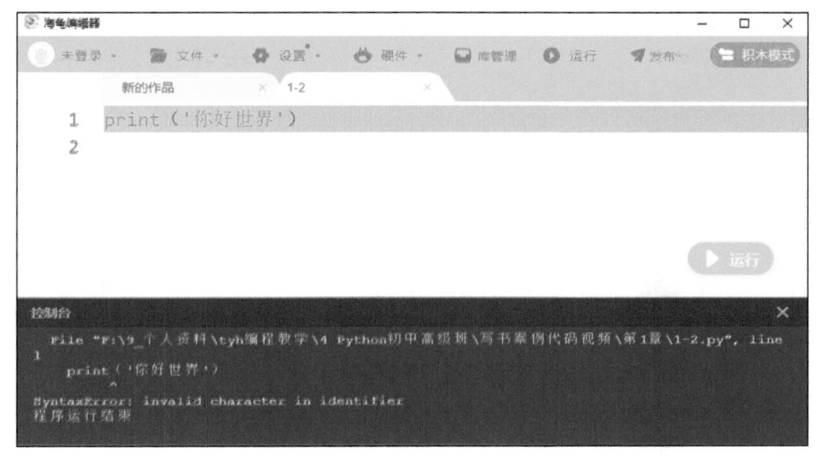

图 1-9

选择“文件”→“另存为”选项，可以保存代码文件为1-2.py。文件后缀py为Python的缩写，表示当前文件为Python代码文件。读者也可以直接双击打开.py文件，系统会自动调用海龟编辑器打开代码，如图1-10所示。

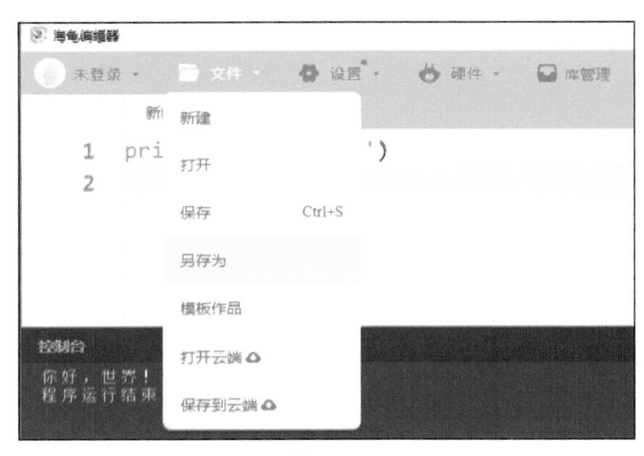

图 1-10

练习 1-1

请读者尝试修改代码1-2.py，使程序运行后输出如下结果。

```
你好，欢迎阅读本书！
欢迎学习Python游戏趣味编程！
程序运行结束
```

提示 目前海龟编辑器客户端仅支持Windows操作系统，如果读者电脑安装的/用的/运行的是其他操作系统，则可以尝试Mu这款对初学者较友好的 Python 集成开发环境。搜索“Code with Mu: A Simple Python Editor”，找到 Mu 的下载网页，如图 1-11 所示。

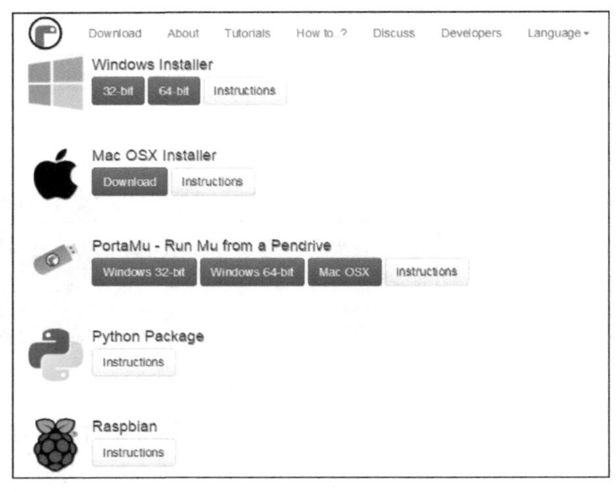

图 1-11

Mu的代码编辑和运行效果界面如图1-12所示。

图 1-12

1.3　小结

这一章我们主要了解了计算机程序语言和Python编程语言的基本概念，学习了海龟编辑器的下载、安装与使用。下一章我们将正式开始Python编程的学习。

第2章 弹跳的小球

本章我们将编写一个弹跳小球的程序，小球在窗口中四处反弹，效果如图2-1所示。首先我们学习游戏开发库的安装，并显示一个静止小球；然后学习字符串的概念，并设定小球和背景的颜色；接着学习变量的定义和使用，从而方便修改小球的半径、位置等参数；最后学习if语句，实现小球的重复反弹。

本章案例的最终代码一共24行，代码参看“配套资源\第2章\2-10-3.py”，视频效果参看“配套资源\第2章\弹跳的小球.mp4”。

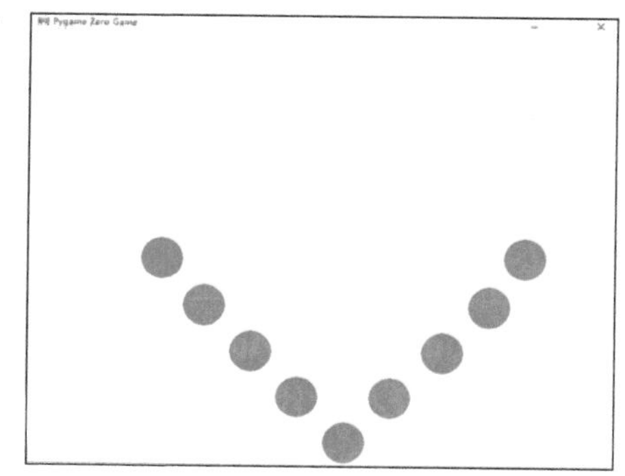

图 2-1

2.1 安装游戏开发库

Python之所以功能强大，其中一个原因就是它有大量功能强大的库，安装好库后即可使用这些库的功能。打开海龟编辑器，单击图2-2所示的“库管理”按钮。

图 2-2

弹出图2-3所示的“库管理”对话框，选择“游戏”选项卡，依次单击安装Pygame、Pygame Zero两个游戏开发库，直到提示已安装。

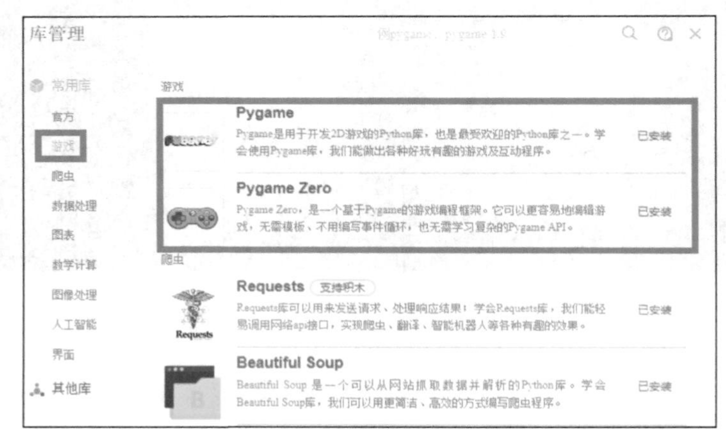

图 2-3

为了验证游戏开发库是否安装成功，在代码编辑区中输入两行代码：

2-1.py

```
import pgzrun
pgzrun.go()
```

其中import是Python的关键字，表示导入一个库，以便在程序中使用库中的功能。第1行代码import pgzrun表示导入刚安装的游戏开发库。第2行代码pgzrun.go()表示让我们编写的游戏开始运行，go是出发、启动的意思。

单击“运行”按钮，海龟编辑器的控制台中会出现提示文字，如图2-4所示；同时弹出一个新窗口，如图2-5所示。这样就说明我们的游戏开发库安装成功了。

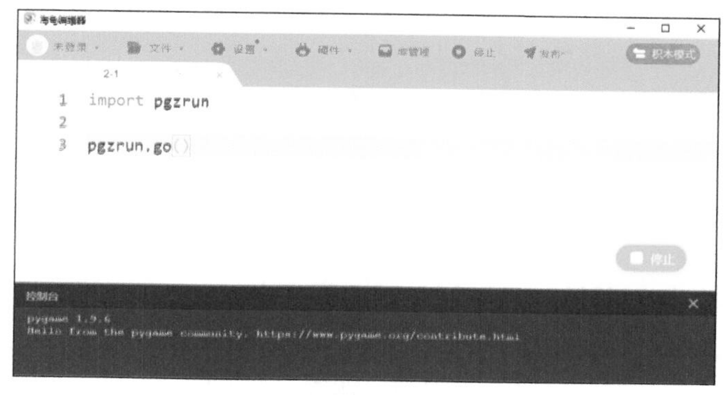

图 2-4

图 2-5

提示　如果读者使用的是 Mu 集成开发环境，则可以选择模式 Pygame Zero，单击“OK”按钮即可进行 Python 游戏趣味编程的学习，如图 2-6 所示。

图 2-6

2.2　显示一个静止小球

在上一节代码的基础上，添加两行代码：

2-2-1.py

```
import pgzrun
def draw():
    screen.draw.circle((400, 300), 100, 'white')
pgzrun.go()
```

运行效果为在窗口中画了一个圆，如图 2-7 所示。

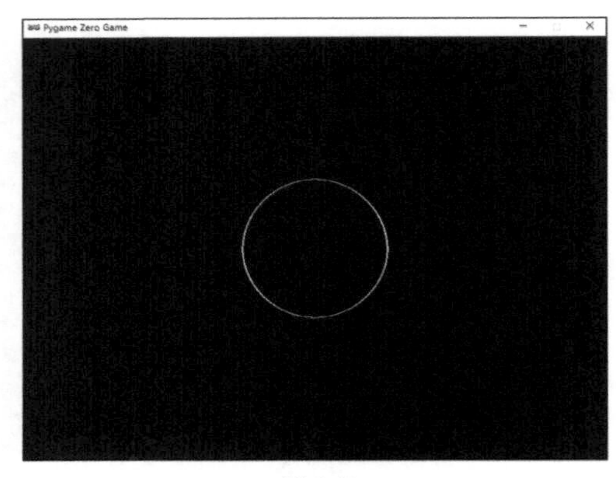

图 2-7

def draw()：表示定义了一个绘图函数，冒号后面的语句表示具体的绘制工作。

screen.draw.circle((400, 300), 100, 'white')语句绘制了一个圆圈。其中screen表示屏幕，draw为绘制的英文单词，circle表示圆圈；后面的3个参数，(400, 300)表示圆的中心位置坐标，100表示圆的半径，'white'表示圆的颜色为白色。

提示　Python 语句中的标点符号，如 2-2-1.py 中的括号 ()、冒号 :、点 .、逗号 ,、单引号 '，都是英文标点符号。如果输入的是中文标点符号，则会提示程序错误。

提示　绘制函数 draw() 内的语句需要缩进，也就是 screen.draw.circle((400, 300), 100, 'white') 语句前面要空出一些。Python 中可以用空格键或 Tab 键来实现代码的缩进。同一函数内部的多行语句，需要保持缩进量一致，即最左边需要对齐。

练习2-1

尝试修改代码2-2-1.py，分别绘制出图2-8、图2-9所示的圆圈效果。

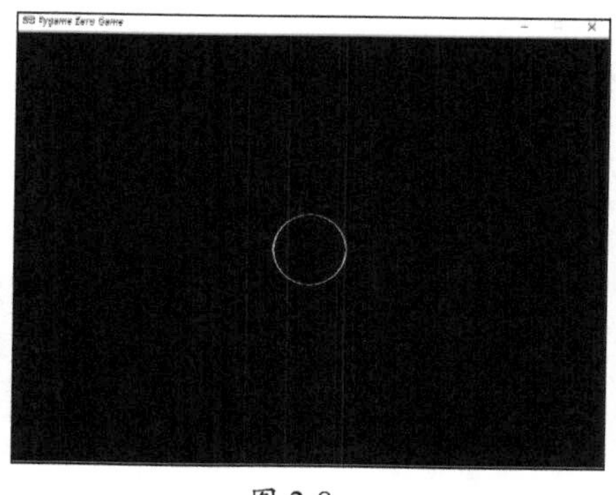
图 2-8

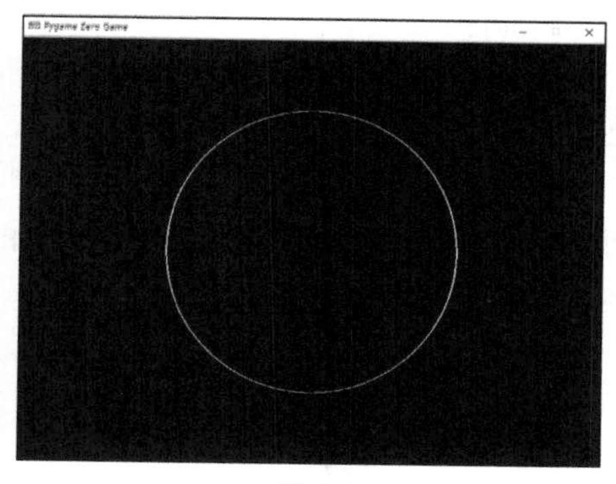
图 2-9

除了绘制空心圆圈外，我们还可以绘制实心圆，读者可以修改代码如下：

2-2-2.py

```
import pgzrun
def draw():
    screen.draw.filled_circle((400, 300), 100, 'white')
pgzrun.go()
```

和代码2-2-1.py相比，这里使用了filled_circle函数。filled是填充的意思，下划线_用来连接filled和circle两个英文单词，合起来就是填充圆的意思。运行代码，程序绘制了一个填充的小球，如图2-10所示。

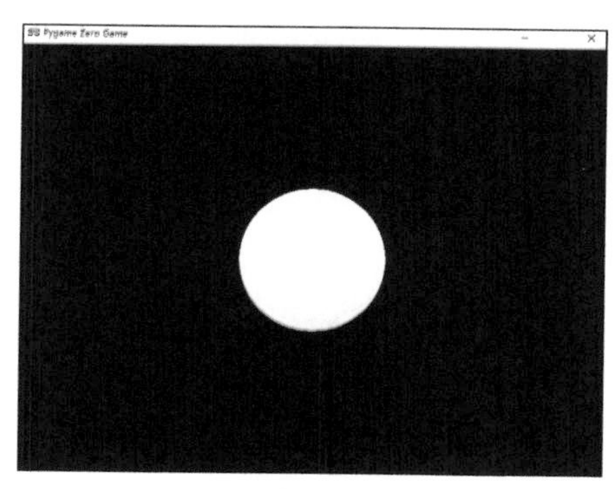
图 2-10

2.3 设置小球与背景的颜色

执行如下代码，可以在窗口中绘制出一个图2-11所示的红色小球：

2-3-1.py

```
import pgzrun
def draw():
    screen.draw.filled_circle((400, 300), 100, 'red')
pgzrun.go()
```

在Python中，单引号' '或双引号" "内的一个字符序列，叫作字符串。利用字符串，我们可以给小球设定不同的颜色，具体的颜色如下所示。

'white'　白色
'black'　黑色
'red'　红色
'yellow'　黄色
'green'　绿色
'orange'　橙色
'blue'　蓝色
'purple'　紫色

图 2-11

另外，也可以设置背景的填充颜色。执行下面的代码，可以在白色背景前绘制一个图2-12所示的绿色的小球：

2-3-2.py

```
import pgzrun
def draw():
    screen.fill('white')
    screen.draw.filled_circle((400, 300), 100, 'green')
pgzrun.go()
```

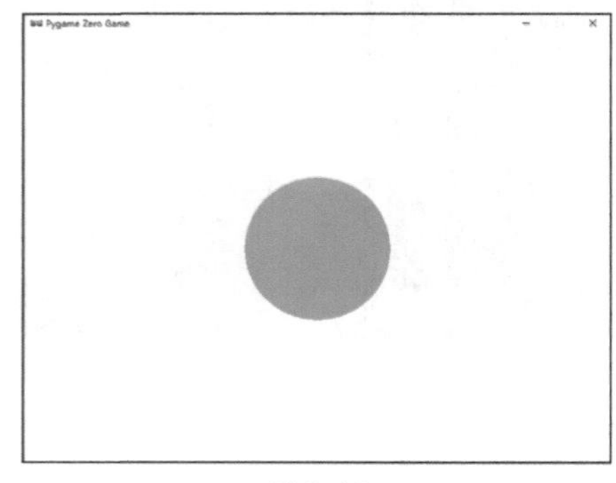

图 2-12

新增加的screen.fill('white')语句中，screen表示屏幕，fill表示用括号里的颜色来填充整个背景画面。

练习2-2

编写代码绘制出图2-13所示的黄色背景、蓝色小球效果。

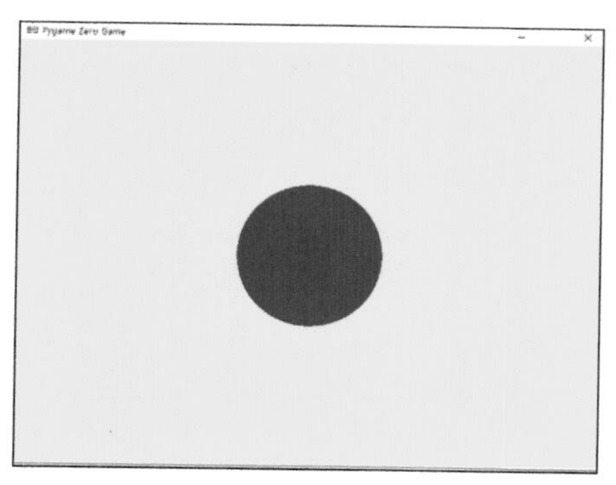

图 2-13

2.4 显示多个静止小球

游戏窗口的绘制区域采用直角坐标系，左上角的坐标为(0,0)。横轴方向由x坐标表示，取值范围为0到800；纵轴方向由y坐标表示，取值范围为0到600。游戏窗口中任一点的位置可由其(x,y)坐标来表示。

运行以下代码，即可在对应的坐标位置绘制出图2-14所示的3个小球：

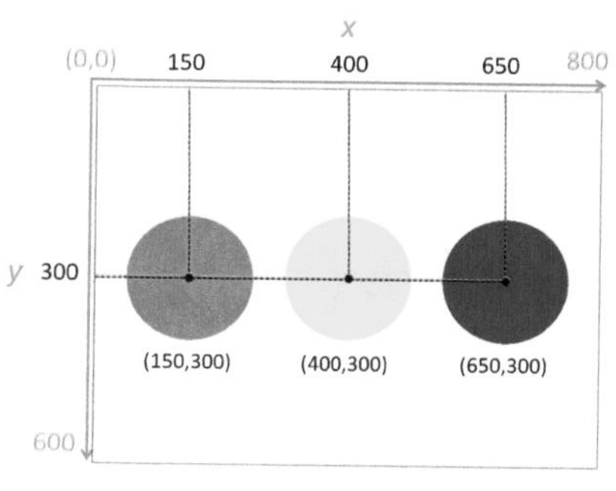

图 2-14

2-4-1.py

```
import pgzrun
def draw():
    screen.fill('white')
    screen.draw.filled_circle((150, 300), 100, 'red')
    screen.draw.filled_circle((400, 300), 100, 'yellow')
    screen.draw.filled_circle((650, 300), 100, 'blue')
pgzrun.go()
```

我们可以修改代码，将这3个小球变小，效果如图2-15所示。代码为：

2-4-2.py

```
import pgzrun
def draw():
    screen.fill('white')
    screen.draw.filled_circle((150, 300), 50, 'red')
    screen.draw.filled_circle((400, 300), 50, 'yellow')
    screen.draw.filled_circle((650, 300), 50, 'blue')
pgzrun.go()
```

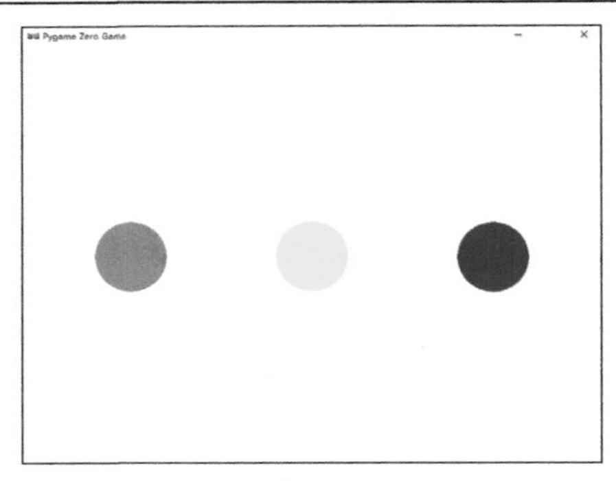

图 2-15

也可以修改小球的y坐标，使这3个小球向上移动，效果如图2-16所示。代码为：

2-4-3.py

```
import pgzrun
def draw():
    screen.fill('white')
    screen.draw.filled_circle((150, 100), 50, 'red')
    screen.draw.filled_circle((400, 100), 50, 'yellow')
    screen.draw.filled_circle((650, 100), 50, 'blue')
pgzrun.go()
```

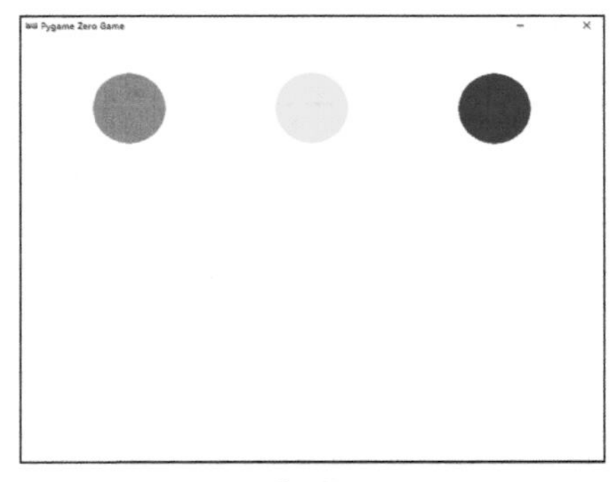

图 2-16

练习2-3

利用绘制空心圆、填充圆的函数以及坐标的定义，尝试编写代码，绘制出图2-17所示的效果。

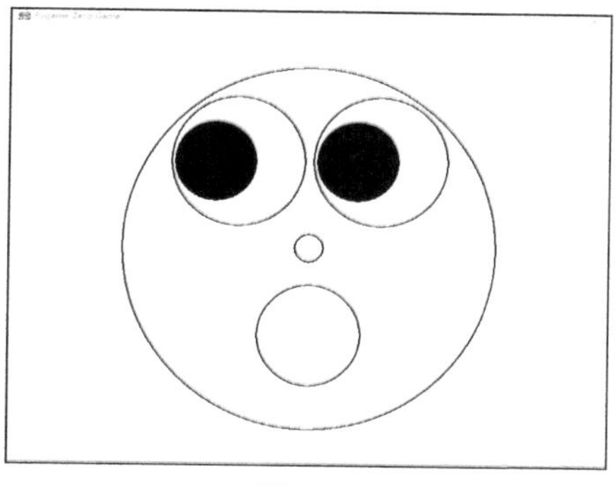

图 2-17

2.5 利用变量修改多个小球的参数

代码2-4-2.py中修改3个小球的半径要修改3个数字，是否有更简单的方法？本节将学习变量的概念，并利用变量来存储、修改多个小球的参数。

变量可以记录程序中的一些内容，如：

2-5-1.py

```
r = 10
print(r)
```

*r*就是一个变量，这里记录了数字10的信息。print(r)函数可以将变量存储的内容输出。单击“运行”按钮，海龟编辑器的控制台中输出如下结果。

```
10
程序运行结束
```

除了数字，变量也可以存储字符串的信息，如：

2-5-2.py

```
str = 'Python真好玩'
print(str)
```

运行后输出如下结果。

```
Python真好玩
程序运行结束
```

可以对变量的值进行修改，不同变量之间也可以相互赋值，如：

2-5-3.py

```
r = 1
print(r)
r = 2
print(r)
t = r
print(t)
```

运行后输出如下结果。

```
1
2
2
```

其中t = r表示将变量*r*的值赋给变量*t*，运行这一行后，变量*t*的值也等于2。

变量和数字之间也支持加、减、乘、除运算，在Python中分别用+、−、*、/4个符号来表示：

2-5-4.py

```
r = 1
print(r)
r = r+2
print(r)
t = r-1
print(t)
t = t*3
print(t)
t = t/2
print(t)
```

运行后输出如下结果。

```
1
3
2
6
3.0
```

提示　变量的名字可以由字母、下划线、数字组成，不能以数字开头。另外，变量中大写字母、小写字母是需要区分的，大小写不同，表示的变量也不同。

应用变量*r*记录小球的半径，将代码2-4-1.py修改为：

2-5-5.py

```
import pgzrun
r = 100
def draw():
    screen.fill('white')
    screen.draw.filled_circle((150, 300), r, 'red')
    screen.draw.filled_circle((400, 300), r, 'yellow')
    screen.draw.filled_circle((650, 300), r, 'blue')
pgzrun.go()
```

运行效果同代码2-4-1.py一样，如图2-18所示。

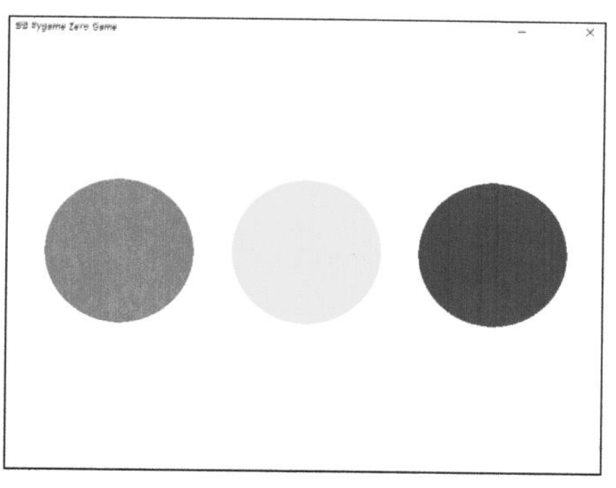

图 2-18

只需将代码2-5-5.py第2行代码修改为$r = 125$，即可同时修改3个球的半径大小，如图2-19所示。

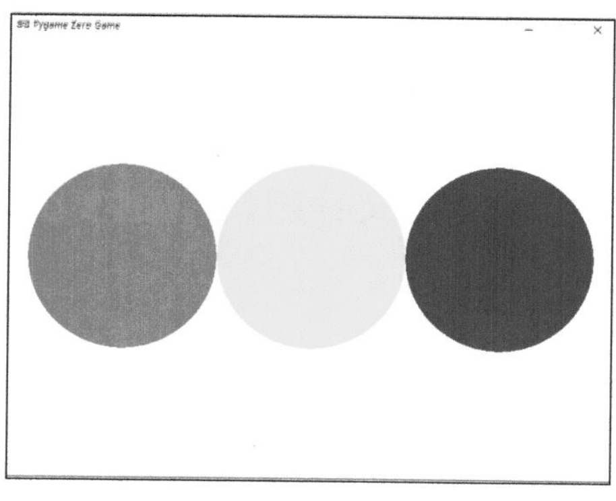

图 2-19

2.6 逐渐变大的小球

这一节，我们尝试实现小球逐渐变大的效果。输入并运行代码2-6.py，可以看到小球逐渐变大的动画，效果如图2-20所示。

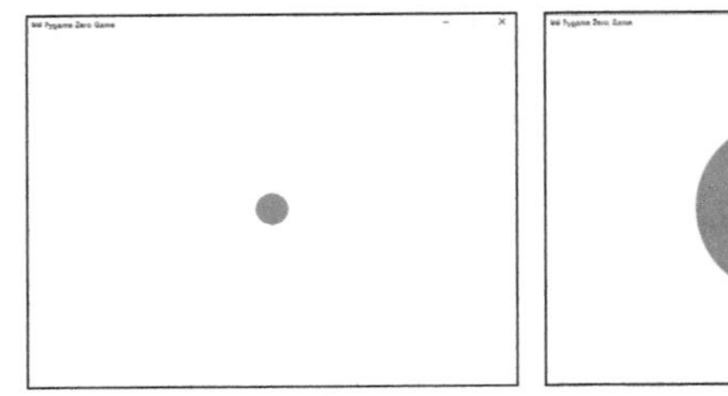
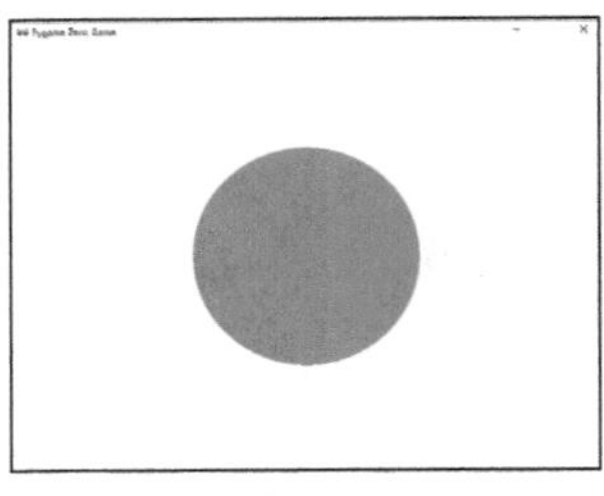
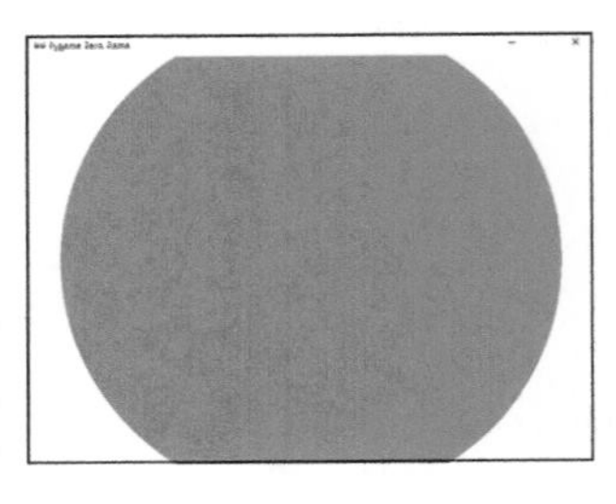

图 2-20

2-6.py

```
import pgzrun
r = 1
def draw():
    screen.fill('white')
    screen.draw.filled_circle((400, 300), r, 'red')
def update():
    global r
    r = r+1
pgzrun.go()
```

代码中使用了变量*r*，在第2行将其初始化为1，draw()函数下的screen.draw.filled_circle((400, 300), r, 'red')语句绘制了一个半径为*r*的小球。

新增的代码def update(): 定义了一个更新函数，当程序运行后，每帧都会执行一次该函数。其中的语句r = r + 1表示半径*r*每次增加1，使得小球的半径从1开始，依次增加为2、3、4、5、6……

global r语句表示*r*为全局变量，如果函数内部需要修改函数外部的变量，如在update()函数中修改函数外定义的变量*r*，就需要在函数内部加上global r这一语句。

提示　和 update() 函数一样，绘制函数 draw() 也是每帧重复运行的。2-6.py 代码首先运行函数外的 r = 1 语句，然后运行 update 函数 ()，变量 *r* 增加 1；运行 draw() 函数，首先执行语句 screen.fill('white') 用白色填充整个画布，再执行语句 screen.draw.filled_circle((400, 300), r, 'red') 绘制半径为 *r* 的实心红色球；重复执行 update()、draw() 函数。如此迭代运行，就实现了小球慢慢变大的动画效果。

练习2-4

修改代码，实现小球更快地变大。

2.7 小球逐渐下落

应用变量y记录小球的y坐标，在draw()函数中绘制对应坐标的小球，并在update()函数中增加y的值，即可实现小球逐渐下落的动画，效果如图2-21所示。代码为：

2-7.py

```
import pgzrun
y = 100
def draw():
    screen.fill('white')
    screen.draw.filled_circle((400, y), 30, 'red')
def update():
    global y
    y = y+1
pgzrun.go()
```

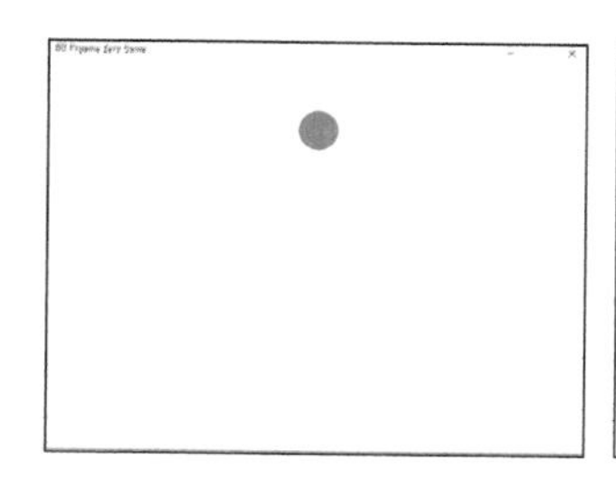
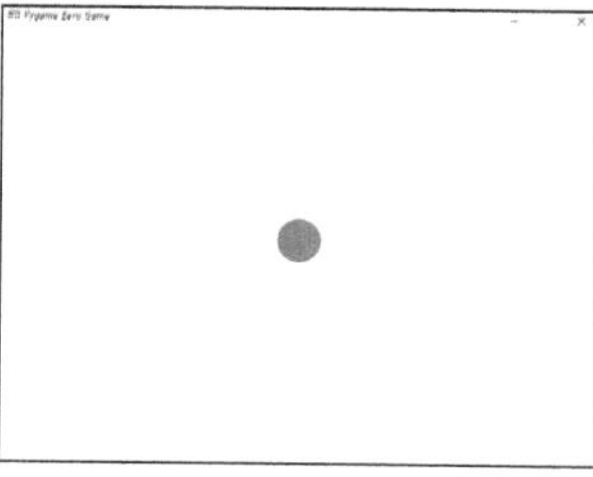
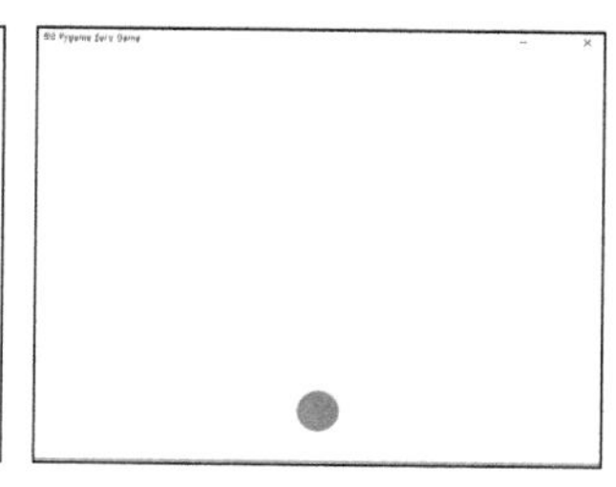

图 2-21

要让小球下落得更快，只需修改update()函数中的代码为y = y+3即可。

2.8 利用 if 语句实现小球重复下落

上一节实现的效果中，小球落到窗口最底部后就消失了。在代码2-7.py的基础上增加两行代码，可以得到一个小球重复下落的动画。代码为：

2-8-1.py

```
import pgzrun
y = 100
```

```
def draw():
    screen.fill('white')
    screen.draw.filled_circle((400, y), 30, 'red')
def update():
    global y
    y = y+3
    if y>630:
        y = 0
pgzrun.go()
```

添加的代码叫if语句，也叫选择判断语句。if y>630:表示当y的值大于630时，执行冒号后的语句y = 0，即将小球的y坐标设为0。

提示 由于窗口高度为600，小球半径为30，当y的值为600+30=630时，即下落的小球刚好从窗口底部完全消失。此时将y的值设为0，即小球从窗口顶部重新出现。

提示 if语句的冒号后为if条件满足才执行的语句，对应语句要在if语句的基础上向右缩进一个单位。

有了if语句，我们就可以让计算机进行一些智能处理了，如判断两个数字的大小：

2-8-2.py

```
x = 3
y = 5
if x > y:
    print('x大')
if x == y:
    print('x与y一样大')
if x < y:
    print('y大')
```

运行后输出如下结果。

```
y大
```

python中共有6种运算符来判断两个数字的大小关系，如下所示。

表达式	含义
x > y	x是否大于y
x < y	x是否小于y
x == y	x是否等于y

续表

表达式	含义
x != y	x是否不等于y
x >= y	x是否大于或等于y
x <= y	x是否小于或等于y

提示 x=y 是赋值语句，表示把 y 的值赋给 x。x==y 一般应用为 if x==y:，表示如果 x 和 y 值相等，就执行冒号后的语句。

练习2-5

编程计算11 × 13 × 15 × 17，并用if语句判断结果是否大于30000。

2.9　小球上下反弹

本节我们尝试实现小球上下反弹的动画效果。首先在小球逐渐下落代码2-7.py的基础上，设定变量speed_y记录小球在y轴方向上的速度。将speed_y初始化为3，在update()函数中，小球的y坐标每帧增加speed_y。代码为：

2-9-1.py

```
import pgzrun
y = 100
speed_y = 3
def draw():
    screen.fill('white')
    screen.draw.filled_circle((400, y), 30, 'red')
def update():
    global y
    y = y+speed_y
pgzrun.go()
```

当小球落地时，即小球刚和窗口最底部接触时，小球中心y坐标恰好为600 − 30 = 570（窗口高度减去小球半径）。为了实现小球落地时反弹，只需将其y轴上的速度反向（speed_y = -speed_y），执行y = y+speed_y就相当于将y逐渐变小，也就实现了小球向上运动。代码为：

2-9-2.py

```
import pgzrun
y = 100
speed_y = 3
```

```
def draw():
    screen.fill('white')  # 白色背景
    screen.draw.filled_circle((400, y), 30, 'red')
def update():
    global y,speed_y
    y = y+speed_y
    if y>=570:
        speed_y = -speed_y
pgzrun.go()
```

提示　由于 update() 函数中对 speed_y 的值进行了修改，因此需要将 speed_y 声明为全局变量。同时将两个变量声明为全局变量，可以合起来写为 global y,speed_y，两个变量间用逗号分隔。

同样，当小球向上运动接触到窗口的最顶部时，小球中心y坐标恰好等于30（小球半径）。此时改变小球y轴上的速度方向（speed_y = -speed_y），即可让小球再向下运动。代码为：

2-9-3.py

```
import pgzrun
y = 100
speed_y = 3
def draw():
    screen.fill('white')
    screen.draw.filled_circle((400, y), 30, 'red')
def update():
    global y,speed_y
    y = y+speed_y
    if y >= 570:
        speed_y = -speed_y
    if y <= 30:
        speed_y = -speed_y
pgzrun.go()
```

分析代码2-9-3.py，我们发现当变量y大于等于570或小于等于30时，均会执行speed_y = -speed_y语句。Python为我们准备了3个逻辑运算符，方便进行多个判断条件的组合：not（非）、and（与）、or（或）。

首先，输入并运行如下代码：

2-9-4.py

```
print(3 > 2)
print(4 > 5)
```

3 > 2正确，因此输出“True”；4 > 5错误，因此输出“False”。接着运行代码：

2-9-5.py

```
print(not(3 > 2))
print(not(4 > 5))
```

输出结果为：“False”“True”。即not（非）会把正确的条件变成错误，把错误的条件变成正确。运行代码：

2-9-6.py

```
print((3 > 2) or (4 > 5))
print((3 > 2) and (4 > 5))
```

输出结果为：“True”“False”。or（或）运算符两边的条件只要有一个是正确的，组合条件就是正确的；and（与）运算符只有当两边的条件都正确时，组合条件才是正确的。

利用逻辑运算符，可将代码2-9-3.py中的两条if语句合并为一条：

2-9-7.py

```
import pgzrun
y = 100
speed_y = 3
def draw():
    screen.fill('white')
    screen.draw.filled_circle((400, y), 30, 'red')
def update():
    global y,speed_y
    y = y+speed_y
    if y>=570 or y<=30:
        speed_y = -speed_y
pgzrun.go()
```

当我们的代码比较复杂时，一般不要把数值直接写在代码中，而应该用变量替代。这样代码的可读性更好（可以阅读有意义的变量名称，而不是阅读没有含义的数字），也方便之后修改参数（只需要修改一次变量，而不用修改多次数值）。读者可以在代码2-9-7.py的基础上，修改代码为：

2-9-8.py

```
import pgzrun
HEIGHT = 600
```

```
WIDTH = 800
y = 100
speed_y = 3
r = 30
def draw():
    screen.fill('white')
    screen.draw.filled_circle((WIDTH/2, y), r, 'red')
def update():
    global y, speed_y
    y = y+speed_y
    if y >= HEIGHT-r or y <= r:
        speed_y = -speed_y
pgzrun.go()
```

其中HEIGHT是height的大写，HEIGHT=600表示窗口的高度为600；WIDTH是width的大写，WIDTH=800表示窗口的宽度为800。小球中心的*x*坐标为WIDTH/2，即在窗口的水平中心。变量*r*记录小球的半径，draw()绘制函数、update()更新函数中均使用了变量*r*。要将小球变大，只需在代码2-9-8.py中更改r=30为r=50即可。

2.10　斜着弹跳的小球

为了让小球可以斜着弹跳，首先在代码2-9-8.py的基础上，增加变量*x*记录小球的*x*坐标，增加speed_x变量存储*x*方向小球的速度。小球中心坐标(*x*,*y*)初始化在窗口中心(WIDTH/2, HEIGHT/2)处，小球*x*、*y*方向的速度speed_x、speed_y均初始化为3。完整代码为：

2-10-1.py

```
import pgzrun
WIDTH = 800
HEIGHT = 600
x = WIDTH/2
y = HEIGHT/2
speed_x = 3
speed_y = 3
r = 30
def draw():
    screen.fill('white')
    screen.draw.filled_circle((x, y), r, 'red')
def update():
    global y,speed_y
```

```
    y = y+speed_y
    if y >= HEIGHT-r or y <= r:
        speed_y = -speed_y
pgzrun.go()
```

进一步，在update()函数中增加x坐标随着speed_x的变化而变化的语句x = x+speed_x；当碰到左右边界时，speed_x速度反向的语句speed_x = -speed_x，即实现了斜着弹跳的小球效果。完整代码为：

2-10-2.py

```
import pgzrun
WIDTH = 800
HEIGHT = 600
x = WIDTH/2
y = HEIGHT/2
speed_x = 3
speed_y = 5
r = 30
def draw():
    screen.fill('white')
    screen.draw.filled_circle((x, y), r, 'red')
def update():
    global x,y,speed_x,speed_y
    x = x+speed_x
    y = y+speed_y
    if x >= WIDTH-r or x <= r:
        speed_x = -speed_x
    if y >= HEIGHT-r or y <= r:
        speed_y = -speed_y
pgzrun.go()
```

当我们的代码比较多时，可以适当加一些注释。所谓注释，就是一些说明的文字，不参与程序运行，格式是：# 注释文字。以下为加上注释的完整代码，这样就可以比较清楚地了解各块代码的功能、变量的含义等：

2-10-3.py

```
import pgzrun # 导入游戏库

WIDTH = 800    # 设置窗口的宽度
HEIGHT = 600   # 设置窗口的高度
x = WIDTH/2    # 小球的x坐标，初始化在窗口中间
y = HEIGHT/2   # 小球的y坐标，初始化在窗口中间
speed_x = 3    # 小球x方向的速度
speed_y = 5    # 小球y方向的速度
r = 30         # 小球的半径
```

```
def draw():    # 绘制模块，每帧重复执行
    screen.fill('white')  # 白色背景
    # 绘制一个填充圆，坐标为(x,y)，半径为r，颜色为红色
    screen.draw.filled_circle((x, y), r, 'red')

def update():  # 更新模块，每帧重复操作
    global x,y,speed_x,speed_y   # 在这里说明要修改的变量
    x = x+speed_x  # 利用x方向速度更新x坐标
    y = y+speed_y  # 利用y方向速度更新y坐标
    if x >= WIDTH-r or x <= r:   # 当小球碰到左右边界时
        speed_x = -speed_x       # x方向速度反向
    if y >= HEIGHT-r or y <= r:  # 当小球碰到上下边界时
        speed_y = -speed_y       # y方向速度反向

pgzrun.go()  # 开始执行游戏
```

练习2-6

在代码2-10-3.py的基础上修改两行代码，尝试得到图2-22所示的运行效果。

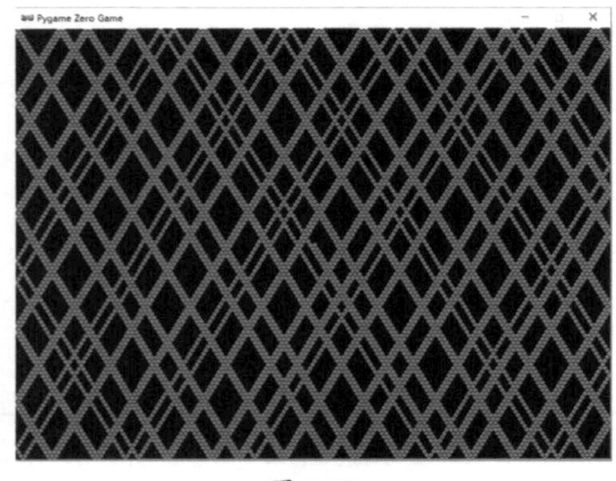

图 2-22

2.11 小结

这一章主要讲解了Python游戏开发库的基本用法，学习了颜色字符串、变量的定义与使用、if语句等知识点，并利用这些知识点开发了一个弹跳小球的趣味程序。在今后的学习中，读者也可以尝试利用本章所学知识，进一步开发台球、泡泡龙、祖玛等复杂的游戏程序。

第3章 美丽的圆圈画

本章我们将利用Python绘制美丽的圆圈画，效果如图3-1所示。鼠标点击时圆圈的颜色会随机变化。首先在上一章所学知识的基础上，绘制多层同心圆；然后学习for循环语句，简化重复绘制的代码；接着学习颜色的数值表示方法，并利用随机实现丰富多变的颜色效果；最后学习循环的嵌套，实现多个同心圆的平铺。

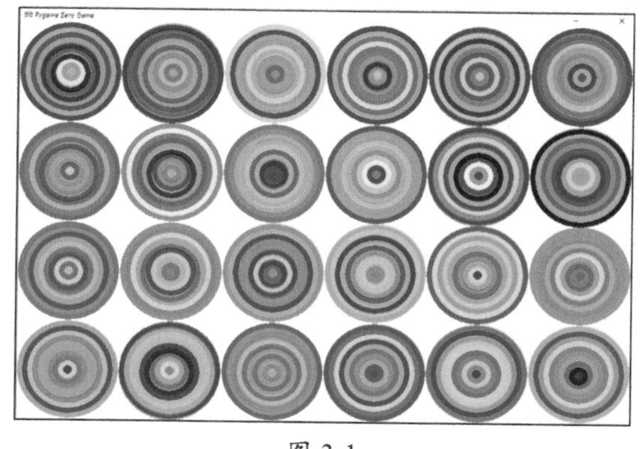

图 3-1

本章案例的最终代码一共18行，代码参看“配套资源\第3章\3-6-3.py”，视频效果参看“配套资源\第3章\美丽的圆圈画.mp4”。

3.1　绘制多层同心圆

输入并运行下列代码，可以绘制出图3-2所示的5个同心圆：

3-1-1.py

```
import pgzrun
def draw():
    screen.fill('white')
    screen.draw.circle((400, 300), 10, 'black')
    screen.draw.circle((400, 300), 20, 'black')
    screen.draw.circle((400, 300), 30, 'black')
    screen.draw.circle((400, 300), 40, 'black')
    screen.draw.circle((400, 300), 50, 'black')
pgzrun.go()
```

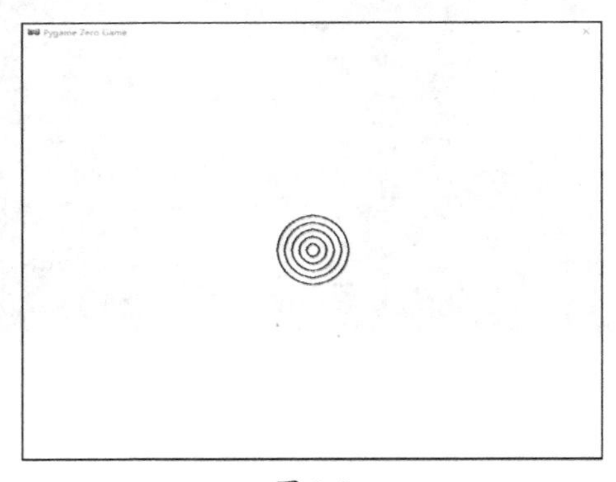

图 3-2

练习3-1

尝试修改代码3-1-1.py，绘制出20个同心圆，如图3-3所示。

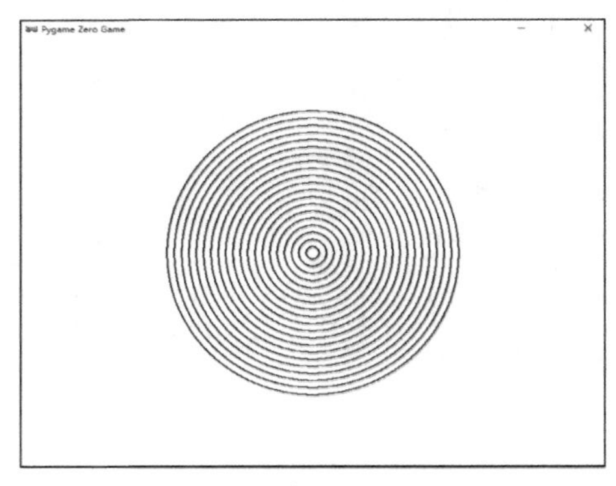

图 3-3

绘制20个同心圆，需要20条绘制圆圈的语句，非常麻烦。利用Python的for循环语句，用两行核心代码就可以绘制出图3-3所示的效果：

3-1-2.py

```
import pgzrun
def draw():
    screen.fill('white')
    for r in range(1, 201, 10):
        screen.draw.circle((400, 300), r, 'black')
pgzrun.go()
```

3.2 for循环语句

输入并运行下列程序：

3-2-1.py

```
for i in range(5):
    print(i)
```

海龟编辑器控制台中输出如下结果。

其中range是范围的意思，range(5)表示从0开始的小于5的整数，也就是0、1、2、3、4这几个数字。

for和in是关键字，表示变量*i*依次取range(5)范围内的5个数字，循环执行冒号后的print(i)语句，即依次输出0、1、2、3、4。

提示 for语句后要加一个冒号，循环执行的每条语句都在for语句基础上向右缩进一个单位。

练习3-2

尝试修改代码3-2-1.py，运行后输出如下结果。

```
0
1
2
3
4
5
6
7
8
9
```

练习3-3

尝试修改代码3-2-1.py，运行后输出如下结果。

```
1
2
3
4
5
```

练习3-4

尝试修改代码3-2-1.py，运行后输出如下结果。

range()函数也可以设定两端整数的取值范围，如：

3-2-2.py

```
for i in range(3,6):
    print(i)
```

变量*i*的取值范围是从3开始的小于6的整数，输出结果如下所示。

练习3-5

尝试修改代码3-2-2.py，运行后输出如下结果。

10
11
12
13
14
15

练习3-6

尝试修改代码3-2-2.py，运行后输出如下结果。

10
20
30
40
50

利用以上所学的知识，我们就可以应用for语句重新实现绘制5个同心圆：

3-2-3.py

```
import pgzrun
def draw():
    screen.fill('white')
    for r in range(1, 6):
        screen.draw.circle((400, 300), 10*r, 'black')
pgzrun.go()
```

要绘制30个同心圆，只需修改for循环语句的范围为range(1, 31)即可，效果如图3-4所示。

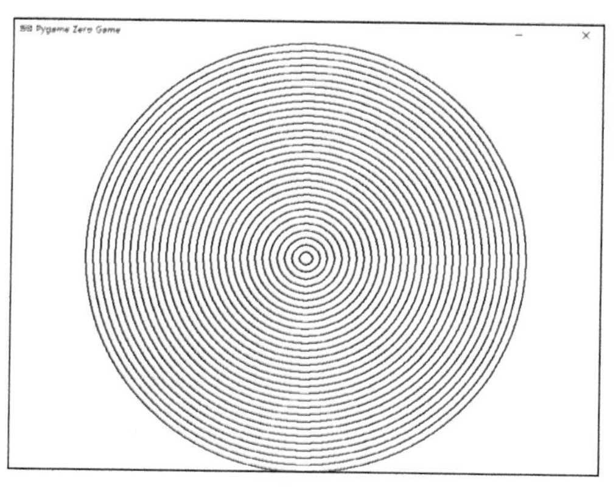

图 3-4

进一步，range还可以设置步长，如：

3-2-4.py

```
for i in range(1, 11, 2):
    print(i)
```

该代码输出从1开始，每次增加2，且均为小于11的整数，输出结果如下所示。

```
1
3
5
7
9
```

画5个同心圆的代码3-2-3.py，也可以修改为：

3-2-5.py

```
import pgzrun
def draw():
    screen.fill('white')
    for r in range(10, 51, 10):
        screen.draw.circle((400, 300), r, 'black')
pgzrun.go()
```

range()函数取值范围不仅可以递增，也可以递减，如：

3-2-6.py

```
for i in range(10, 1, -2):
    print(i)
```

变量i的取值从10开始，每次减少2，且均大于1，即输出如下结果。

练习3-7

尝试修改代码3-2-5.py，用递减的方法，画出5个同心圆。

练习3-8

尝试利用for语句，画出一圈黑、一圈白，共10个圆圈的效果，如图3-5所示。

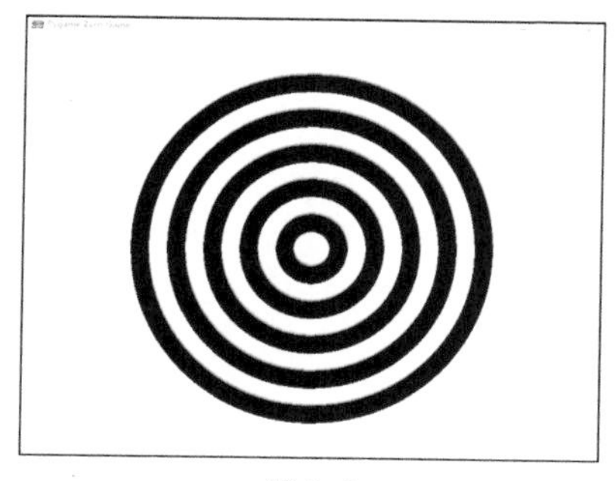

图 3-5

提示 后面画的图形会覆盖在之前画的图形上面，所以要先画大圆，再画小圆。

3.3 颜色的表示

除了用2.3节介绍的'black'、'red'、'white'等英文单词字符串描述颜色，我们也可以采用数字来表示：

3-3-1.py

```
import pgzrun
def draw():
    screen.fill((255, 0, 0))
pgzrun.go()
```

运行以上代码，会得到一个红色背景的窗口，如图3-6所示。

根据三原色原理，任何色彩都可由红（Red）、绿（Green）、蓝（Blue）3种基本颜色混合而成，如图3-7所示。

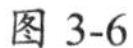

图 3-6

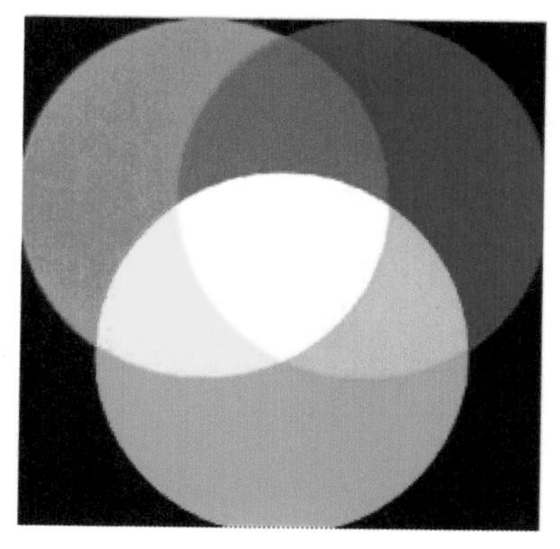

图 3-7

对于(r,g,b)中的任一颜色分量，规定0为最暗，255最亮，则可得到下列的绘制语句：

```
screen.fill((0, 0, 0))              # 黑色背景
screen.fill((255, 255, 255))        # 白色背景
screen.fill((150, 150, 150))        # 灰色背景
screen.fill((255, 0, 0))            # 红色背景
screen.fill((120, 0, 0))            # 暗红色背景
screen.fill((0, 255, 0))            # 绿色背景
screen.fill((0, 0, 255))            # 蓝色背景
screen.fill((255, 255, 0))          # 黄色背景
```

利用这种颜色表示方法，可以绘制图3-8所示的5个红色的同心圆：

3-3-2.py

```
import pgzrun
def draw():
    screen.fill('white')
    for r in range(250, 0, -50):
        screen.draw.circle((400, 300), r, (255,0,0))
pgzrun.go()
```

也可以让圆圈的颜色跟着循环变量，从红色逐渐变暗，效果如图3-9所示。代码为：

3-3-3.py

```
import pgzrun
def draw():
    screen.fill('white')
    for r in range(250, 0, -50):
        screen.draw.circle((400, 300), r, (r,0,0))
pgzrun.go()
```

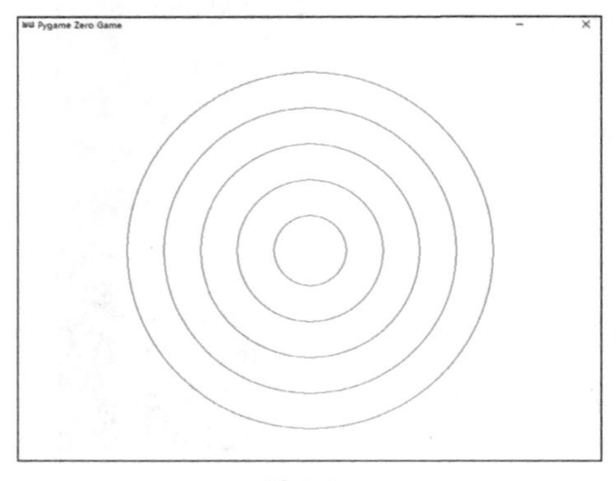

图 3-8

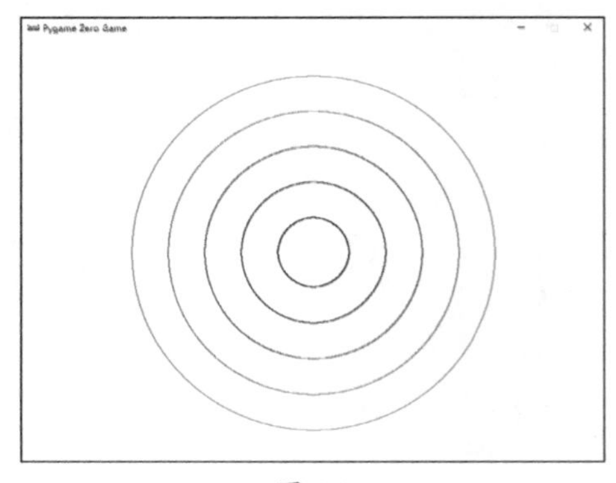

图 3-9

将同心圆换成填充圆的样式，绘制效果更加明显，效果如图3-10所示。代码为：

3-3-4.py

```
import pgzrun
def draw():
    screen.fill('white')
    for r in range(250, 0, -50):
        screen.draw.filled_circle((400, 300), r, (r, 0, 0))
pgzrun.go()
```

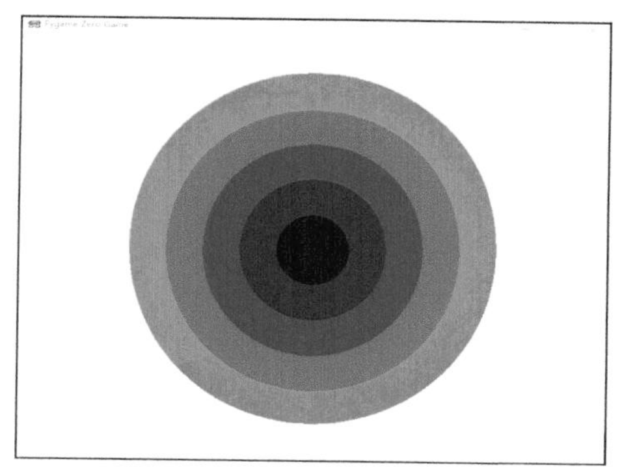

图 3-10

练习3-9

尝试修改代码3-3-4.py，分别得到图3-11所示的3种绘制效果。

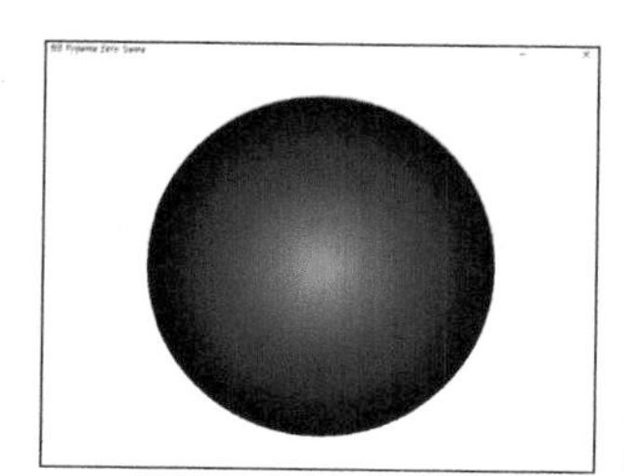 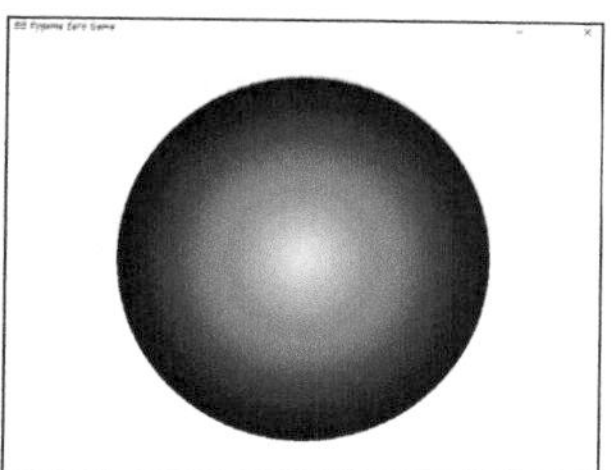 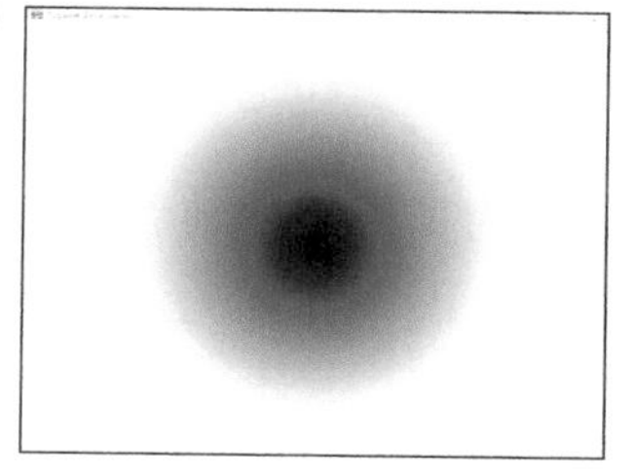

图 3-11

3.4 有趣的随机

首先请读者输入并运行以下代码，每次运行后输出的结果可能不一样，为1到5之间（含1和5）的一个随机整数：

3-4-1.py

```
import random
n = random.randint(1,5)
print(n)
```

代码第1行的import random表示导入随机功能库，random是Python自带的一个库，因此不需要像2.1节那样下载安装。random.randint(1,5)表示取一个1到5之间（含1和5）的随机整数，将其值赋给*n*，每次运行后输出*n*的值，即输出取值范围为1、2、3、4、5的一个随机整数。

利用random.randint(0, 255)语句，我们可以生成一个取值范围为0到255的随机整数。在代码3-3-4.py的基础上修改，使每次运行后可以画出随机颜色的同心圆：

3-4-2.py

```
import pgzrun
import random
def draw():
    screen.fill('white')
    for r in range(250, 0, -10):
        screen.draw.filled_circle((400, 300), r, \
        (random.randint(0, 255), random.randint(0, 255), \
        random.randint(0, 255)))
pgzrun.go()
```

提示　当代码过长时，可以直接分成多行（每行后面也可以加一个反斜杠符号“\”），系统会自动把这多行代码连起来运行。

为了更清楚地看出随机颜色的效果，在代码3-4-2.py的基础上添加两行代码：

3-4-3.py

```
import pgzrun
import random
def draw():
    screen.fill('white')
    for r in range(250, 0, -10):
        screen.draw.filled_circle((400, 300), r,\
        (random.randint(0, 255), random.randint(0, 255),\
```

```
        random.randint(0, 255)))
def on_mouse_down():
    draw()
pgzrun.go()
```

函数on_mouse_down()表示按下鼠标的左键、中键或右键时，执行下面的语句，即每次按下鼠标后调用draw()函数，从而绘制新的随机颜色的同心圆，执行效果如图3-12所示。

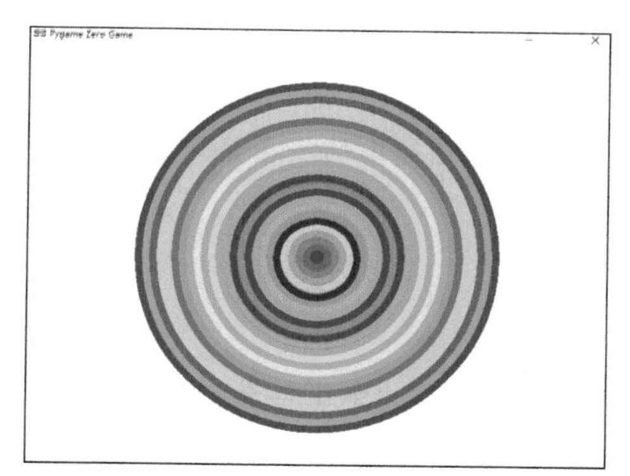
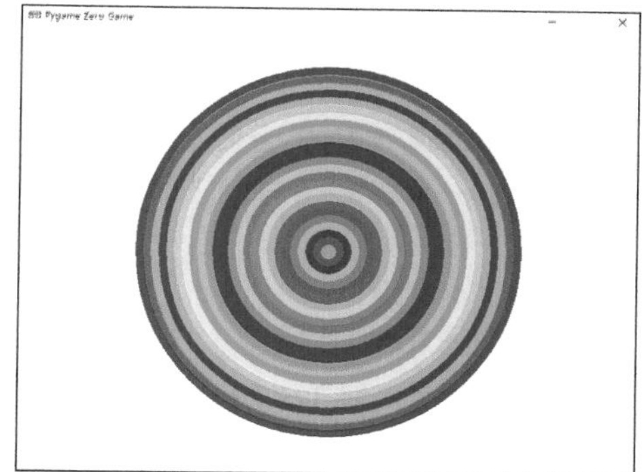

图 3-12

3.5　循环的嵌套

for循环语句也可以嵌套，读者可以输入以下代码并运行：

3-5-1.py

```
for i in range(2):
    for j in range(3):
        print(i,j)
```

其中*i*的取值范围为0、1，*j*的取值范围为0、1、2。print(i,j)在一行同时输出*i*、*j*变量的值，中间以空格为间隔，输出结果如下所示。

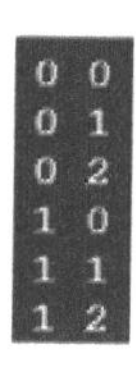

代码中有两重的for循环语句，首先对于外层循环，*i*的初始值等于0，内层循环*j*的取值范围为0到2，因此首先输出如下3行。

当内层循环j遍历结束后，回到外层i循环。i的值变为1，j的取值范围为0到2，继续输出如下结果。

内层循环j遍历结束后，回到外层i循环，i也遍历结束，这时整个循环语句才运行结束。

提示　当出现循环嵌套时，内层循环相当于外层循环内的一条语句，需要在上一层循环语句的基础上向右缩进一级。

练习3-10

尝试修改代码3-5-1.py，实现3层循环的嵌套，输出如下结果。

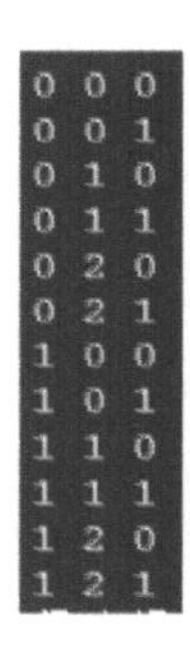

首先，利用for语句生成不同的x坐标，可以绘制一行圆圈：

3-5-2.py

```
import pgzrun
R = 50
def draw():
    screen.fill('white')
    for x in range(R, 800, 2*R):
        screen.draw.filled_circle((x, 300), R, 'blue')
pgzrun.go()
```

其中R为圆圈的半径，窗口宽度为800。圆心x坐标的取值范围为range(R, 800, 2*R)时，即可让圆圈均匀铺满一行，如图3-13所示。

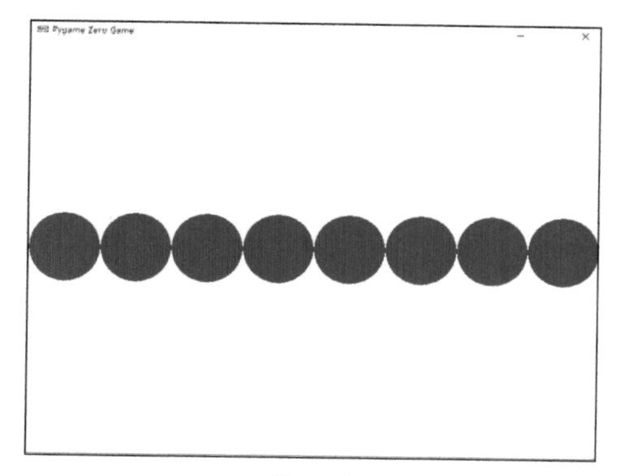

图 3-13

为了使绘制的圆圈铺满整个画面，可以利用嵌套的循环语句，再加一重for循环处理y坐标，即可画出图3-14所示的多行、多列的圆圈，代码为：

3-5-3.py

```
import pgzrun
R = 50
def draw():
    screen.fill('white')
    for y in range(R, 600, 2*R):
        for x in range(R, 800, 2*R):
            screen.draw.filled_circle((x, y), R, 'blue')
pgzrun.go()
```

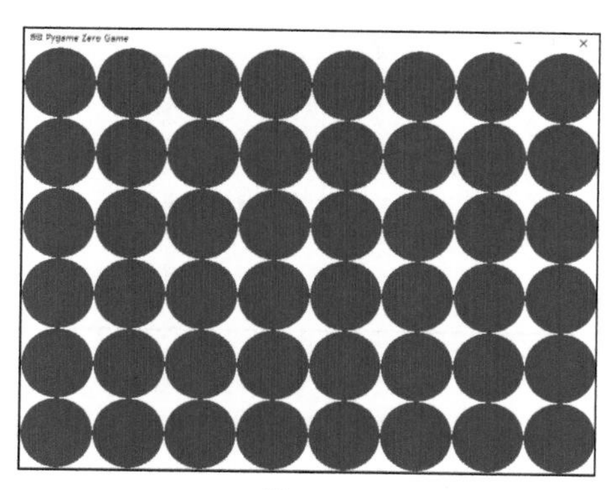

图 3-14

3.6　彩色同心圆平铺

首先将3-5-3.py中最内层循环画一个圆的代码，替换为3-4-2.py中画同心圆的代码，得到一个3重循环嵌套的绘制随机颜色同心圆代码：

3-6-1.py

```
import pgzrun
import random
R = 100
def draw():
    screen.fill('white')
    for y in range(R, 600, 2*R):
        for x in range(R, 800, 2*R):
            for r in range(R, 0, -10):
                screen.draw.filled_circle((x, y), r,
                (random.randint(0, 255), random.randint(0, 255),
                 random.randint(0, 255)))
pgzrun.go()
```

运行后的效果如图3-15所示。

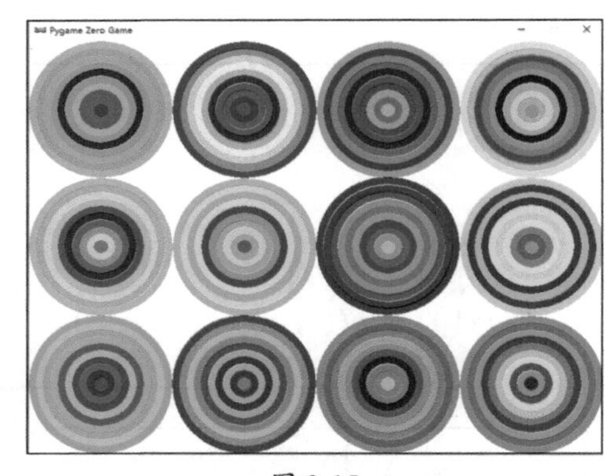

图 3-15

利用WIDTH、HEIGHT修改窗口的高度、宽度，并结合代码3-4-3.py中按下鼠标后的随机色彩生成功能，修改代码如下：

3-6-2.py

```
import pgzrun
import random
WIDTH = 1200
HEIGHT = 800
R = 100
def draw():
    screen.fill('white')
    for x in range(R, WIDTH, 2*R):
        for y in range(R, HEIGHT, 2*R):
             for r in range(1, R, 10):
                screen.draw.filled_circle((x, y), R-r, \
```

```
                        (random.randint(0, 255), random.randint(0, 255),\
                        random.randint(0, 255)))
def on_mouse_down():
    draw()
pgzrun.go()
```

运行后点击鼠标，即可生成美丽的圆圈画效果，如图3-16所示。

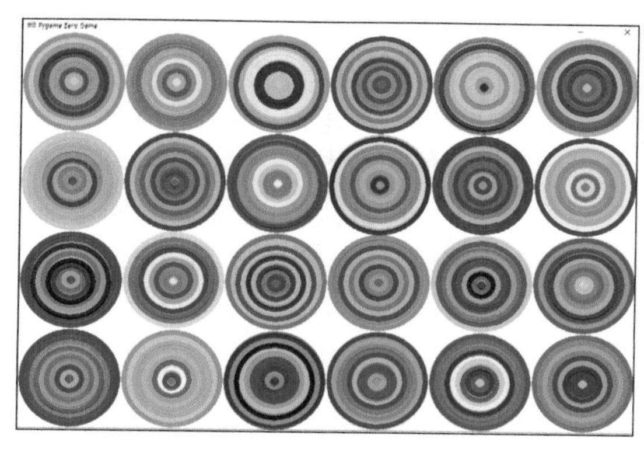

图 3-16

以下为添加完整注释的代码：

3-6-3.py

```
import pgzrun  # 导入游戏库
import random  # 导入随机库
WIDTH = 1200   # 设置窗口的宽度
HEIGHT = 800   # 设置窗口的高度
R = 100        # 大圆圈的半径

def draw():    # 绘制模块，每帧重复执行
    screen.fill('white')  # 白色背景
    for x in range(R, WIDTH, 2*R):  # x坐标平铺遍历
        for y in range(R, HEIGHT, 2*R):  # y坐标平铺遍历
            for r in range(1, R, 10):   #  同心圆半径从小到大遍历
                # 绘制一个填充圆，坐标为(x,y)，半径为R-r，颜色随机
                screen.draw.filled_circle((x, y), R-r, \
                 (random.randint(0, 255), random.randint(0, 255),\
                 random.randint(0, 255)))

def on_mouse_down(): # 当按下鼠标键时
    draw()  # 调用绘制函数

pgzrun.go()  # 开始执行游戏
```

练习 3-11

修改代码3-6-3.py，尝试实现图3-17所示的效果。

图 3-17

练习 3-12

修改代码3-6-3.py，尝试实现图3-18所示的效果。

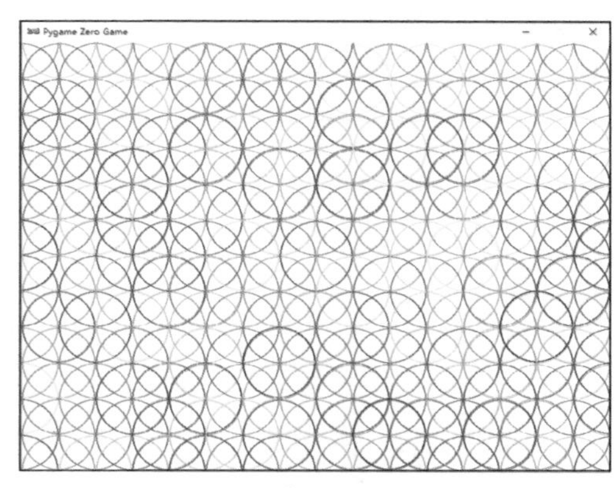

图 3-18

3.7　小结

这一章我们主要学习了for循环语句、颜色的表示、随机、循环嵌套等知识。有了循环语句，就可以让程序执行繁复的任务；而随机的功能，能让程序运行结果更加多变有趣。我们利用这些知识点，绘制了一系列美丽的圆圈画。读者也可以自己设计其他好看有趣的图形，并尝试编写代码绘制。

第4章 疯狂的小圆圈

本章我们将编写一个好玩的程序，鼠标点击后，会在点击处出现一些同心圆圈，并在窗口中四处反弹，效果如图4-1所示。我们首先学习列表的概念，用列表记录实现多个小球的反弹；然后学习一种新的鼠标交互方式——用鼠标移动点击来增加同心圆。

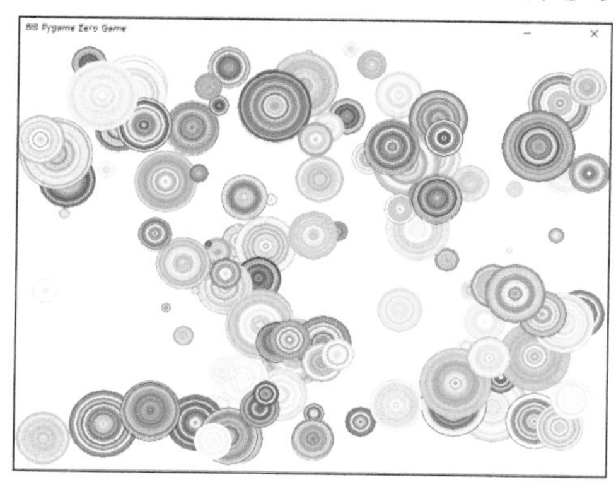

图 4-1

本章案例的最终代码一共38行，代码参看“配套资源\第4章\4-5.py”，视频效果参看“配套资源\第4章\疯狂的小圆圈.mp4”。

4.1　绘制彩虹

利用上一章学习的知识，我们可以绘制一个彩虹图案：

4-1-1.py

```
import pgzrun
WIDTH = 800
HEIGHT = 400
def draw():
    screen.fill('white')
    screen.draw.filled_circle((400, 400), 400, 'red')
    screen.draw.filled_circle((400, 400), 370, 'orange')
    screen.draw.filled_circle((400, 400), 340, 'yellow')
    screen.draw.filled_circle((400, 400), 310, 'green')
    screen.draw.filled_circle((400, 400), 280, 'blue')
    screen.draw.filled_circle((400, 400), 250, 'cyan')
    screen.draw.filled_circle((400, 400), 220, 'purple')
    screen.draw.filled_circle((400, 400), 190, 'white')
pgzrun.go()
```

彩虹由7种颜色的半圆环组成，所有圆环的圆心坐标都为(400,400)，圆环半径依次减小，如图4-2所示。圆环颜色从外到内依次是：红（red）、橙（orange）、黄（yellow）、绿（green）、蓝（blue）、靛（cyan）、紫（purple）。再加上一个白色（white）圆使得彩虹中空。代码4-1-1.py一共需要8行代码绘制8个圆来实现它。能不能利用for循环语句更简洁地实现呢？

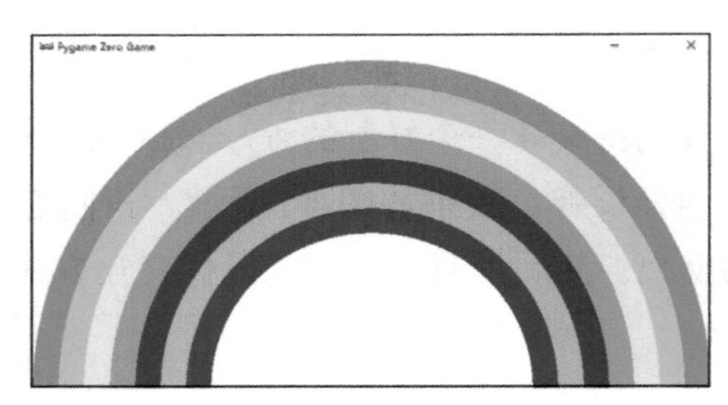

图 4-2

利用一种新的数据结构——列表，并定义colors来记录8个圆的8种颜色，我们就可以用for语句遍历所有颜色完成绘制：

4-1-2.py

```
import pgzrun
WIDTH = 800
HEIGHT = 400
```

```
colors = ['red', 'orange', 'yellow', 'green',
          'blue', 'cyan', 'purple', 'white']
def draw():
    screen.fill('white')
    for r in range(8):
       screen.draw.filled_circle((400, 400), 400-r*30, colors[r])
pgzrun.go()
```

4.2 列表

读者可以输入并运行以下代码：

4-2-1.py

```
colors = ['red', 'orange', 'yellow', 'green', 'blue', 'cyan', 'purple']
print(colors)
```

海龟编辑器控制台中会输出如下结果。

```
['red', 'orange', 'yellow', 'green', 'blue', 'cyan', 'purple']
```

列表变量是由多个元素构成的一个序列，各个元素写在中括号[]之内，以逗号分割。如代码4-2-1.py中的colors就是列表，它存储的元素都是字符串，即彩虹的7种颜色。print(colors)输出了列表中所有元素的内容。

类似代码4-1-2.py中的用法，我们也可以通过下标来访问列表中某一个元素的值：

4-2-2.py

```
colors = ['red', 'orange', 'yellow', 'green', 'blue', 'cyan', 'purple']
col = colors[0]
print(col)
col = colors[6]
print(col)
```

运行代码后输出如下结果。

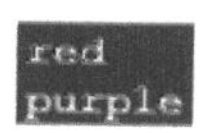

colors[0]表示访问列表colors的第0个元素，由于列表元素的下标都是从0开始，因此输出'red'。colors[6]表示访问列表colors的第6个元素，也就是最后一个元素，因此输出'purple'。

练习 4-1

尝试在代码4-2-2.py的基础上，用for循环语句输出彩虹的7种颜色，如下所示。

```
red
orange
yellow
green
blue
cyan
purple
```

列表除了可以存储字符串外，也可以存储其他元素信息，如数字：

4-2-3.py

```
xlist = [1, 2, 3, 4, 5]
print(xlist)
```

各个元素同样写在中括号之内，以逗号分隔，运行后输出如下结果。

```
[1, 2, 3, 4, 5]
```

列表除了可以整体初始化外，也可以逐步把数据添加到列表中：

4-2-4.py

```
xlist = []
for i in range(1,6):
    xlist.append(i)
print(xlist)
```

循环语句中*i*的取值范围为1、2、3、4、5，xlist.append(i)表示把括号中的元素*i*添加到列表xlist的末尾。程序运行后输出如下结果。

```
[1, 2, 3, 4, 5]
```

练习 4-2

尝试用append函数添加列表元素，最终列表输出如下。

```
[1, 3, 5, 7, 9, 11, 13, 15, 17, 19]
```

通过下标的形式，不仅可以访问列表的元素，还可以修改元素的值：

4-2-5.py

```
xlist = [1, 2, 3, 4, 5]
for i in range(5):
```

```
    xlist[i] = 2*xlist[i]
print(xlist)
```

以上代码将列表中的所有元素变成初始值的两倍后输出，结果如下。

```
[2, 4, 6, 8, 10]
```

当不确定列表的元素个数时，可以用以下代码输出所有列表元素：

4-2-6.py

```
xlist = [2, 6, 3, 4, 8]
for x in xlist:
    print(x)
```

其中for x in xlist表示*x*遍历列表xlist中的所有元素，然后执行循环体中的print()函数，输出结果如下所示。

```
2
6
3
4
8
```

也可以通过len()函数得到列表的长度（len为length的缩写，表示长度），即列表有几个元素：

4-2-7.py

```
xlist = [2, 6, 3, 4, 8]
print(len(xlist))
```

输出如下结果。

```
5
```

利用len()函数，可以通过如下的代码来遍历列表中的所有元素：

4-2-8.py

```
xlist = [3, 4, 5, 6, 7]
for i in range(len(xlist)):
    print(i,xlist[i])
```

输出如下结果。

前面数字是元素的序号 i，后面是对应元素 xlist[i] 的值。

另外，列表的元素也可以是一个列表。如要记录一个小球的位置，可以定义列表记录它的 (x,y) 坐标，然后再把多个小球的位置列表添加到一个总列表 balls 中。

4-2-9.py

```
ball1 = [1, 2]  # 小球0的(x,y)坐标，也是一个列表
ball2 = [3, 4]  # 小球1的(x,y)坐标，也是一个列表
ball3 = [5, 6]  # 小球2的(x,y)坐标，也是一个列表
balls = []      # 空列表
# 将以上3个小球的位置列表，添加到balls中
balls.append(ball1)
balls.append(ball2)
balls.append(ball3)
# 输出列表balls中存储的小球元素的(x,y)坐标
for ball in balls:
    print(ball[0], ball[1])
```

输出结果如下。

练习 4-3

尝试用 [x,y] 形式的列表存储小球的位置，随机生成 100 个小球存储在列表 balls 中，并调用 screen.draw.filled_circle() 函数进行绘制，得到类似图 4-3 所示的效果。

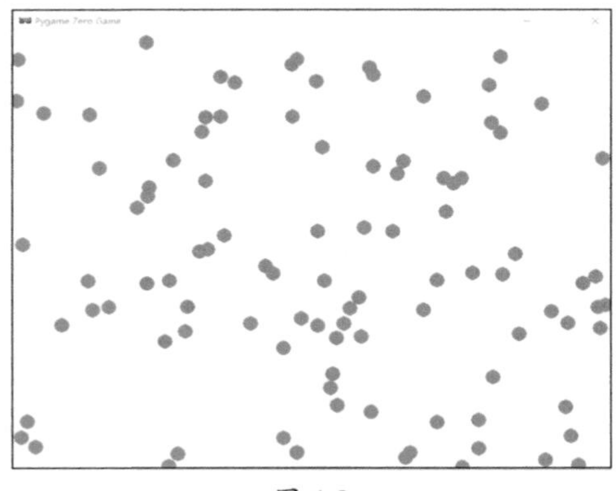

图 4-3

4.3 利用列表实现多个小球反弹

第2章实现了一个小球的弹跳，学习了列表的知识后，我们可以进一步实现多个小球的弹跳，还可以让每个小球的半径、颜色、位置、速度都不一样，效果如图4-4所示。

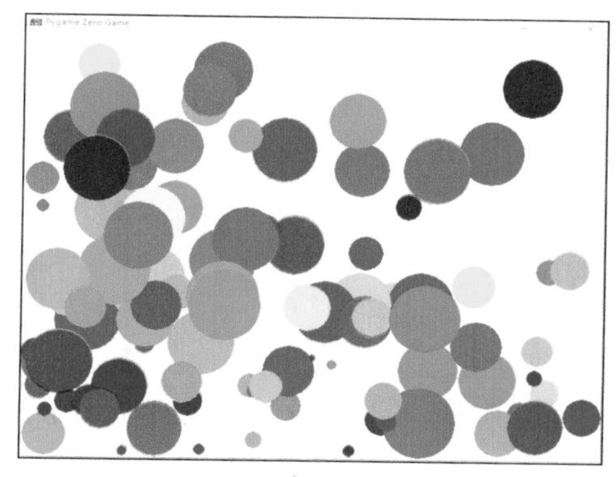

图 4-4

要完整记录一个弹跳小球的信息，我们需要记录小球的x、y坐标，速度speed_x、speed_y，半径r，以及3个颜色分量colorR、colorG、colorB。构建列表ball来存储小球的这些信息，将代码2-10-3.py调整为：

4-3-1.py

```
import pgzrun  # 导入游戏库

WIDTH = 800    # 设置窗口的宽度
HEIGHT = 600   # 设置窗口的高度
x = WIDTH/2    # 小球的x坐标，初始化在窗口中间
y = HEIGHT/2   # 小球的y坐标，初始化在窗口中间
speed_x = 3    # 小球x方向的速度
speed_y = 5    # 小球y方向的速度
r = 30         # 小球的半径
colorR = 255   # 小球的3个颜色分量
colorG = 0
colorB = 0

# 存储小球所有信息的列表
ball = [x, y, speed_x, speed_y, r, colorR, colorG, colorB]

def draw():    # 绘制模块，每帧重复执行
    screen.fill('white')  # 白色背景
```

```
    # 绘制一个填充圆，坐标为(x,y)，半径为r，颜色随机
    screen.draw.filled_circle( (ball[0], ball[1]), ball[4], (ball[5], ball[6],
                            ball[7]))

def update():  # 更新模块，每帧重复操作
    ball[0] = ball[0] + ball[2]   # 利用x方向速度更新x坐标
    ball[1] = ball[1] + ball[3]       # 利用y方向速度更新y坐标
    # 当小球碰到左右边界时，x方向速度反向
    if ball[0] > WIDTH-ball[4] or ball[0] < ball[4]:
        ball[2] = -ball[2]
    # 当小球碰到上下边界时，y方向速度反向
    if ball[1] > HEIGHT-ball[4] or ball[1] < ball[4]:
        ball[3] = -ball[3]

pgzrun.go()   # 开始执行游戏
```

对于列表ball，ball[0]=x、ball[1]=y、ball[2]=speed_x、ball[3]= speed_y、ball[4]=r、ball[5]=colorR、ball[6]=colorG、ball[7]=colorB。运行得到了一个反弹的小球，如图4-5所示。

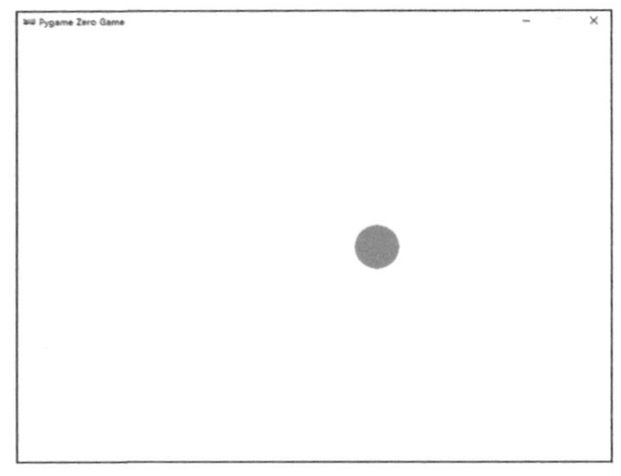

图 4-5

进一步，利用随机函数生成100个小球（小球位置、速度、半径、颜色均随机生成），并创建balls列表来存储所有小球的信息。在draw()函数中，利用for循环语句，对列表balls中存储的每一个小球进行绘制；在update()函数中，利用for循环语句，对列表balls中存储的每一个小球，更新其位置、速度信息。效果如图4-6所示。

4-3-2.py

```
import pgzrun  # 导入游戏库
import random  # 导入随机库
WIDTH = 800    # 设置窗口的宽度
```

```
HEIGHT = 600    # 设置窗口的高度
balls = []      # 存储所有小球的信息，初始为空列表

for i in range(100): # 随机生成100个小球
    x = random.randint(100, WIDTH-100)   # 小球的x坐标
    y = random.randint(100, HEIGHT-100)  # 小球的y坐标
    speedx = random.randint(1, 5)  # 小球x方向的速度
    speedy = random.randint(1, 5)  # 小球y方向的速度
    r = random.randint(5, 50)      # 小球的半径
    colorR = random.randint(10, 255)  # 小球的3个颜色分量
    colorG = random.randint(10, 255)
    colorB = random.randint(10, 255)
    # 存储小球所有信息的列表
    ball = [x, y, speedx, speedy, r, colorR, colorG, colorB]
    balls.append(ball) # 把第i号小球的信息添加到balls中

def draw():   # 绘制模块，每帧重复执行
    screen.fill('white')  # 白色背景
    for ball in balls:  # 绘制所有的圆
        screen.draw.filled_circle((ball[0], ball[1]), ball[4], (ball[5], ball[6],
                                   ball[7]))

def update():  # 更新模块，每帧重复操作
    for ball in balls:
        ball[0] = ball[0] + ball[2]   # 利用x方向速度更新x坐标
        ball[1] = ball[1] + ball[3]   # 利用y方向速度更新y坐标
        # 当小球碰到左右边界时，x方向速度反向
        if ball[0] > WIDTH-ball[4] or ball[0] < ball[4]:
            ball[2] = -ball[2]
        # 当小球碰到上下边界时，y方向速度反向
        if ball[1] > HEIGHT-ball[4] or ball[1] < ball[4]:
            ball[3] = -ball[3]

pgzrun.go()   # 开始执行游戏
```

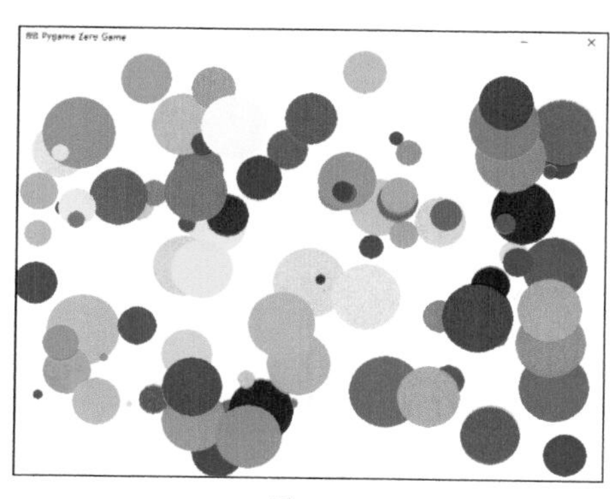

图 4-6

4.4 利用鼠标互动增加小球

这一节，我们将生成小球的控制权交给用户。当用户移动鼠标，并且按下鼠标左键时，系统即获得当前鼠标位置的(*x*,*y*)坐标，在此位置上新增一个小球。在代码4-3-2.py的基础上，修改代码如下：

4-4.py

```
import pgzrun  # 导入游戏库
import random # 导入随机库
WIDTH = 800   # 设置窗口的宽度
HEIGHT = 600  # 设置窗口的高度

balls = []  # 存储所有小球的信息，初始为空列表

def draw():   # 绘制模块，每帧重复执行
    screen.fill('white')  # 白色背景
    for ball in balls:  # 绘制所有的圆
        screen.draw.filled_circle((ball[0], ball[1]), ball[4], (ball[5], ball[6],
                                  ball[7]))

def update():  # 更新模块，每帧重复操作
    for ball in balls:
        ball[0] = ball[0] + ball[2]       # 利用x方向速度更新x坐标
        ball[1] = ball[1] + ball[3]       # 利用y方向速度更新y坐标
        # 当小球碰到左右边界时，x方向速度反向
        if ball[0] > WIDTH-ball[4] or ball[0] < ball[4]:
            ball[2] = -ball[2]
        # 当小球碰到上下边界时，y方向速度反向
        if ball[1] > HEIGHT-ball[4] or ball[1] < ball[4]:
            ball[3] = -ball[3]

def on_mouse_move(pos, rel, buttons):  # 当鼠标移动时
    if mouse.LEFT in buttons:          # 当按下鼠标左键时
        x = pos[0]  # 鼠标的x坐标，设为小球的x坐标
        y = pos[1]  # 鼠标的y坐标，设为小球的y坐标
        speed_x = random.randint(1, 5)    # 小球x方向的速度
        speed_y = random.randint(1, 5)    # 小球y方向的速度
        r = random.randint(5, 50)         # 小球的半径
        colorR = random.randint(10, 255)  # 小球的3个颜色分量
        colorG = random.randint(10, 255)
        colorB = random.randint(10, 255)
        # 存储小球所有信息的列表
        ball = [x, y, speed_x, speed_y, r, colorR, colorG, colorB]
```

```
        balls.append(ball)  # 把该小球的信息添加到balls中

pgzrun.go()   # 开始执行游戏
```

其中def on_mouse_move(pos, rel, buttons)函数在鼠标移动时执行，if mouse.LEFT in buttons表示当按下鼠标左键时执行该语句。首先获得鼠标的坐标(pos[0],pos[1])，并将其设为小球的中心坐标(*x*,*y*)；进一步随机生成小球的速度、半径、颜色和新小球的信息列表ball，并添加到balls列表中。

4.5 绘制同心圆

将4-4.py中draw()函数绘制一个小球的代码，替换为3-4-3.py中绘制同心圆的代码，即可通过鼠标交互生成五彩缤纷的小圆圈：

4-5.py

```
# 其他部分代码同4-4.py
def draw():   # 绘制模块，每帧重复执行
    screen.fill('white')  # 白色背景
    for ball in balls:  # 绘制所有的圆
        screen.draw.filled_circle((ball[0], ball[1]), ball[4], (ball[5], ball[6],
                                  ball[7]))
        for x in range(1, ball[4], 3): # 用同心圆填充
            screen.draw.filled_circle((ball[0], ball[1]),
                ball[4]-x, (random.randint(ball[5], 255),
                random.randint(ball[6], 255),
                random.randint(ball[7], 255)))
```

运行后的效果如图4-7所示。

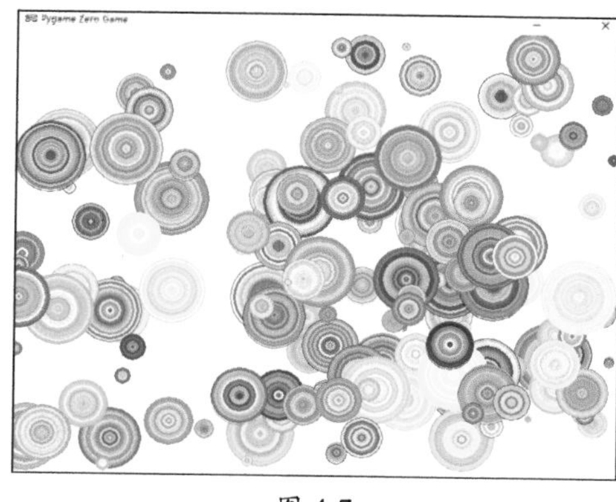

图 4-7

练习 4-4

尝试修改代码4-5.py，编写用鼠标写字画图的程序，得到类似图4-8所示的效果。

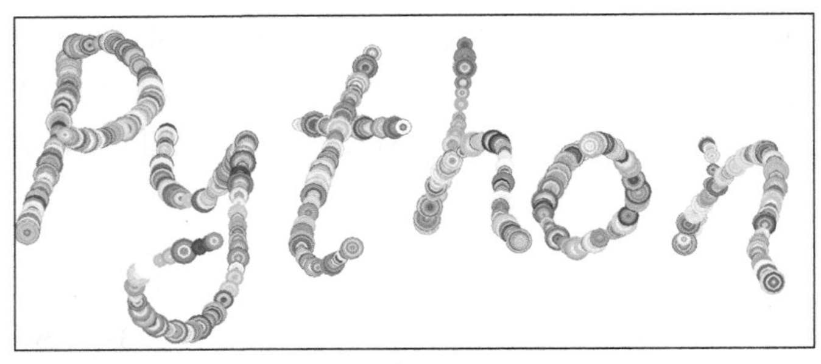

图 4-8

4.6　小结

这一章我们主要学习了列表的基本语法与应用、鼠标交互等知识。利用列表，我们可以记录、处理大量的数据。用户使用鼠标和程序互动，可以带来更加直观多样的交互效果。我们利用这些知识点，开发了疯狂小圆圈趣味程序，读者也可以尝试实现更加有趣的交互、可视化效果。

第 5 章 飞翔的小鸟

本章我们将编写飞翔的小鸟游戏，如图5-1所示。小鸟会在空中下落，在鼠标点击后向上飞行一段距离；随机位置的障碍物从右向左移动，玩家需控制小鸟穿过障碍物间的空隙得分。

我们首先学习图片的导入和显示，实现背景、小鸟、障碍物的显示；然后学习控制小鸟的下落与上升、障碍物的移动；最后学习游戏失败的判定、游戏重置、得分的显示。

本章案例的最终代码一共58行，代码参看“配套资源\第5章\5-8.py”，视频效果参看“配套资源\第5章\飞翔的小鸟.mp4”。

图 5-1

5.1　背景图片的导入和显示

在本书的配套电子资源中，找到“\第 5 章\images”文件夹，其中存放有我们制作飞翔的小鸟游戏所需要的 4 张图片文件，如图 5-2 所示。

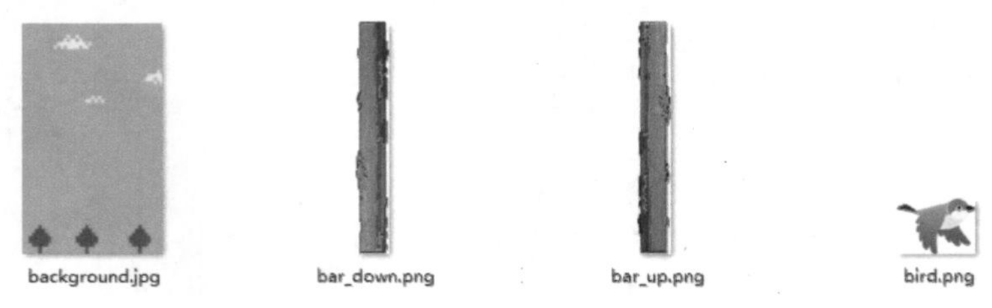

图 5-2

用海龟编辑器新建文件，如图 5-3 所示。

图 5-3

将此文件另存在 images 文件夹的同级目录下，命名为“5-1.py”，如图 5-4 所示。运行代码 5-1.py 即可访问 images 目录下的图片文件。

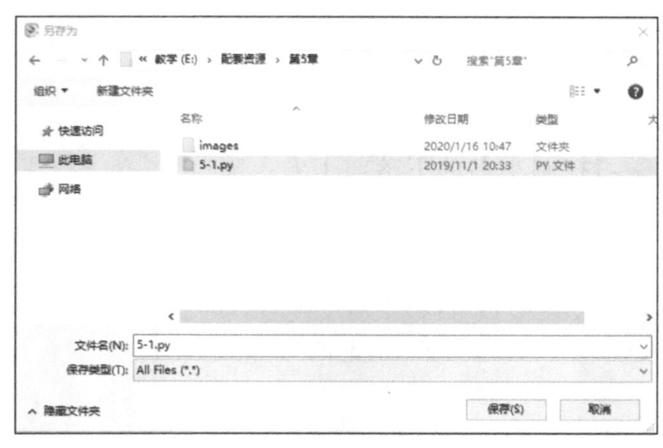

图 5-4

用Windows自带的画图软件打开background.jpg背景图片，可以看到这张背景图片的宽为350px，高为600px，如图5-5所示。

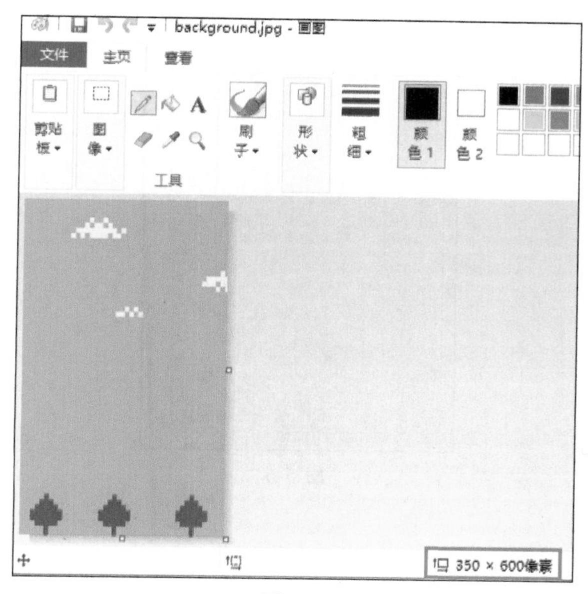

图 5-5

设定游戏窗口的宽度、高度和背景图片一致，输入并运行下列代码：

5-1.py

```
import pgzrun  # 导入游戏库
WIDTH = 350    # 设置窗口的宽度
HEIGHT = 600   # 设置窗口的高度

# 导入背景图片
background = Actor('background')

def draw():  # 绘制模块，每帧重复执行
    background.draw()  # 绘制背景图片

pgzrun.go()  # 开始执行游戏
```

可以在窗口中显示出背景图片，如图5-6所示。

其中background = Actor('background')语句用以导入当前代码同级目录images目录下的background.jpg图片文件，并用变量background记录。background.draw()函数可以将这个背景图片绘制出来。

图 5-6

5.2　显示一只静止小鸟

利用bird = Actor('bird')语句可以导入小鸟图片bird.png。对bird.x和bird.y赋值，可以修改小鸟的*x*、*y*坐标，从而设定小鸟的位置，如图5-7所示。

图 5-7

相关代码如下：

5-2.py

```
import pgzrun  # 导入游戏库
WIDTH = 350    # 设置窗口的宽度
HEIGHT = 600   # 设置窗口的高度

background = Actor('background')  # 导入背景图片
bird = Actor('bird')  # 导入小鸟图片
bird.x = 50           # 设置小鸟的x坐标
bird.y = HEIGHT/2     # 设置小鸟的y坐标

def draw():    # 绘制模块，每帧重复执行
    background.draw()  # 绘制背景
    bird.draw()        # 绘制小鸟

pgzrun.go()    # 开始执行游戏
```

提示　先绘制的图片会被后绘制的所覆盖。读者可以修改 5-2.py 中的 draw() 函数代码如下，看看是什么效果。

修改的代码如下：

```
def draw():    # 绘制模块，每帧重复执行
    bird.draw()        # 绘制小鸟
    background.draw()  # 绘制背景
```

5.3　小鸟的下落与上升

参考代码2-7.y中让小球自动下落的方法，我们可以在代码5-2.py中添加update()函数，得到让小鸟自动下落的代码：

5-3-1.py

```
# 其他部分代码同5-2.py
def update():  # 更新模块，每帧重复操作
    bird.y = bird.y + 3 # 小鸟y坐标增加，即缓慢下落
```

参考代码3-4-3.py中的方法，我们可以在代码5-3-2.py中增加on_mouse_down()函数，使得当鼠标点击时，小鸟上升一段距离：

5-3-2.py

```
# 其他部分代码同5-3-1.py
def on_mouse_down(): # 当鼠标点击时运行
    bird.y = bird.y - 100  # 小鸟y坐标减小，即上升一段距离
```

5.4　障碍物的显示与移动

利用与5.2节类似的方法，可以添加障碍物上半部分、下半部分的图片（bar_up.png、bar_down.png），并设置其x、y坐标，再调用draw()函数进行绘制，效果如图5-8所示。

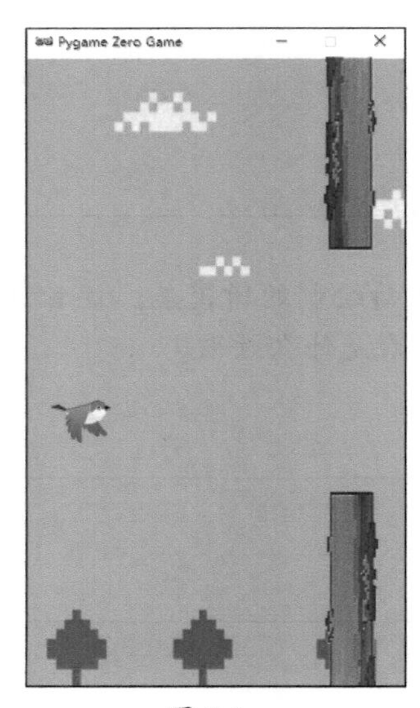

图 5-8

修改代码如下：

5-4-1.py

```
# 其他部分代码同5-3-2.py
bar_up = Actor('bar_up')       # 导入障碍物上半部分图片
bar_up.x = 300                 # 设置障碍物上半部分的x坐标
bar_up.y = 0                   # 设置障碍物上半部分的y坐标
bar_down = Actor('bar_down')     # 导入障碍物下半部分图片
bar_down.x = 300               # 设置障碍物下半部分的x坐标
bar_down.y = 600               # 设置障碍物下半部分的y坐标

def draw():   # 绘制模块，每帧重复执行
    background.draw()  # 绘制背景
```

```
    bar_up.draw()       # 绘制障碍物上半部分
    bar_down.draw()     # 绘制障碍物下半部分
    bird.draw()         # 绘制小鸟
```

我们也可以在update()函数中添加代码，让障碍物从右向左移动：

5-4-2.py

```
# 其他部分代码同5-4-1.py
def update():  # 更新模块，每帧重复操作
    bird.y = bird.y + 2  # 小鸟y坐标增加，即缓慢下落
    bar_up.x = bar_up.x - 2  # 障碍物上半部分缓慢向左移动
    bar_down.x = bar_down.x - 2  # 障碍物下半部分缓慢向左移动
```

参考代码2-8-1.py中实现小球重复下落的思路，当障碍物移动到最左边时，可以让其在最右边重新出现：

5-4-3.py

```
# 其他部分代码同5-4-2.py
def update():  # 更新模块，每帧重复操作
    # 当障碍物移动到最左边时，让其在最右边重新出现
    if bar_up.x < 0:
        bar_up.x = WIDTH
        bar_down.x = WIDTH
```

运行代码5-4-3.py，上、下障碍物每次在最右边出现时，其位置都是一样的。为了提升游戏的趣味性，可以利用在3.4节学习的随机数功能，使得障碍物的y坐标在一定范围内随机出现，完整代码如下：

5-4-4.py

```
import pgzrun  # 导入游戏库
import random  # 导入随机库

WIDTH = 350     # 设置窗口的宽度
HEIGHT = 600    # 设置窗口的高度

background = Actor('background')  # 导入背景图片
bird = Actor('bird')  # 导入小鸟图片
bird.x = 50             # 设置小鸟的x坐标
bird.y = HEIGHT/2       # 设置小鸟的y坐标
bar_up = Actor('bar_up')          # 导入障碍物上半部分图片
bar_up.x = 300                    # 设置障碍物上半部分的x坐标
bar_up.y = 0                      # 设置障碍物上半部分的y坐标
bar_down = Actor('bar_down')      # 导入障碍物下半部分图片
bar_down.x = 300                  # 设置障碍物下半部分的x坐标
```

```
bar_down.y = 600                # 设置障碍物下半部分的y坐标

def draw():                     # 绘制模块，每帧重复执行
    background.draw()           # 绘制背景
    bar_up.draw()               # 绘制障碍物上半部分
    bar_down.draw()             # 绘制障碍物下半部分
    bird.draw()                 # 绘制小鸟

def update():  # 更新模块，每帧重复操作
    bird.y = bird.y + 2  # 小鸟y坐标增加，即缓慢下落
    bar_up.x = bar_up.x - 2  # 障碍物上半部分缓慢向左移动
    bar_down.x = bar_down.x - 2 # 障碍物下半部分缓慢向左移动
    # 当障碍物移动到最左边时，可以让其在右边重新出现
    if bar_up.x < 0:
        bar_up.x = WIDTH
        bar_down.x = WIDTH
        # 障碍物上半部分上下随机出现
        bar_up.y = random.randint(-200, 200)
        # 上、下部分的障碍物中间空隙高度固定
        bar_down.y = 600 + bar_up.y

def on_mouse_down():  # 当鼠标点击时运行
    bird.y = bird.y - 100  # 小鸟y坐标减小，即上升一段距离

pgzrun.go()   # 开始执行游戏
```

游戏运行的效果如图 5-9 所示。

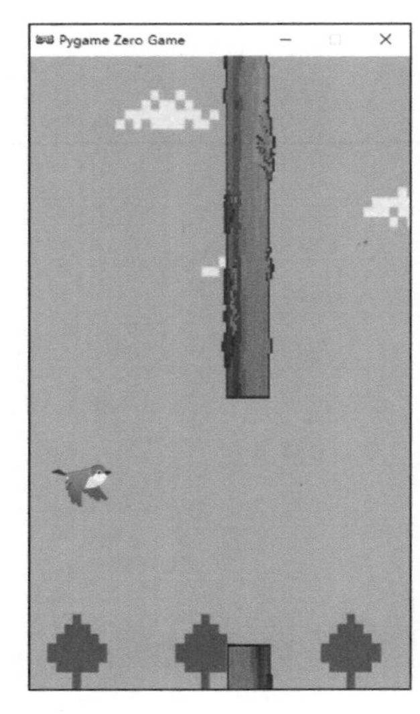

图 5-9

5.5 游戏失败的判断

当小鸟碰到障碍物上半部分或下半部分时，游戏失败。修改代码如下：

5-5-1.py

```
# 其他部分代码同5-4-4.py
def update():  # 更新模块，每帧重复操作
    # 如果小鸟碰到障碍物上半部分或下半部分，游戏失败
    if bird.colliderect(bar_up) or bird.colliderect(bar_down):
        print('游戏失败')
```

其中bird.colliderect(bar_up)语句调用小鸟bird的colliderect函数，来判断bird有没有和障碍物上半部分bar_up碰撞；同样bird.colliderect(bar_down)语句判断bird有没有和障碍物的下半部分bar_down碰撞。当bird和bar_up或bar_down碰撞时，游戏失败，利用在2.9节学习的逻辑或运算符or可将两个条件连接起来，效果如图5-10所示。

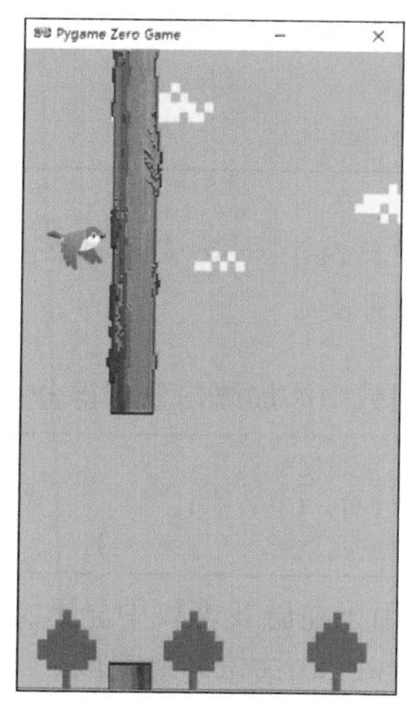

图 5-10

当小鸟碰到障碍物时，海龟编辑器的控制台中输出如下结果。

```
游戏失败
```

当小鸟碰到游戏窗口的上边界或下边界时，游戏也失败，因此进一步添加两个判断条件：

5-5-2.py

```
# 其他部分代码同5-5-1.py
# 如果小鸟碰到障碍物上半部分或下半部分，或碰到上下边界，游戏失败
if bird.colliderect(bar_up) or bird.colliderect(bar_down)
               or bird.y < 0 or bird.y>HEIGHT:
    print('游戏失败')
```

5.6　得分的显示

在代码5-5-2.py的基础上，首先增加一个变量记录得分，并将其初始化为0：

```
score = 0      # 游戏得分
```

如果障碍物移动到最左边，表示小鸟穿过了障碍物的空隙，就将小鸟的得分加1：

```
def update():  # 更新模块，每帧重复操作
    global score
    if bar_up.x < 0:
        score = score + 1  # 得分加1
```

提示　由于update()函数中修改了score变量的值，所以需要加上global score来表示score为全局变量。

最后，可以在draw()函数中添加语句显示得分：

```
def draw():    # 绘制模块，每帧重复执行
    screen.draw.text(str(score), (30, 30),
                     fontsize=50, color='green')
```

screen.draw.text()函数用于在游戏窗口中显示文字，其中str(score)表示把数字score转换成字符串，(30, 30)表示要显示的*x*、*y*坐标，fontsize=50表示设定的文字大小，color='green'表示设置文字颜色为绿色。修改并运行后，效果如图5-11所示。

str()函数除了可以把整数转换为字符串外，还可以把浮点数转换为字符串，如str(3.14)就被转换为字符串'3.14'。另外Python还提供了int()函数和float()函数，int()函数可以把非整数转换为整数，float()函数可以把整数和字符串转换成浮点数（小数）。

图 5-11

相关函数的写法如下：

5-6-1.py

```
print(int(3.5))         # 把浮点数转换为整数
print(int('31'))        # 把字符串转换为整数
print(float(3))         # 把整数转换为浮点数
print(float('3.14'))    # 把字符串转换为浮点数
```

运行后输出如下结果。

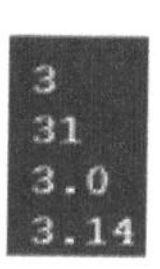

5.7 游戏难度的逐渐增加

随着玩家得分的增加，本节尝试让障碍物的移动速度越来越快，也就是游戏难度越来越大。假设用变量speed存储障碍物向左移动的速度，speed初始值为1，得分score初始值为0。我们希望score每增加5，speed随之增加1，也就是在score分别为5、10、15、20、25等数字时speed增加1。

为了实现这一功能，我们将学习整除、取余运算符。首先输入并运行下列代码：

5-7-1.py

```
print(5/2)  # 一般除法
print(5//2) # 整数除法
print(5%2)  # 整数取余
```

输出结果如下所示。

“5/2”中的一个斜杠 / 为一般除法运算符，5/2 的结果就是小数 2.5。

“5//2”中的两个斜杠 // 为整除运算符，意为取 2.5 的整数部分，也就是整数相除的商，因此为 2。

“5%2”中的百分号 % 为取余运算符，5%2 的结果就是两数相除的余数，因此为 1。

练习 5-1

写出以下程序运行的结果。

练习 5-1.py

```
print(1/5)  # 一般除法
print(2//5)  # 整数除法
print(3%5)   # 整数取余
print(5%5)   # 整数取余
print(6%5)   # 整数取余
print(10%5)  # 整数取余
```

当 score 为 5、10、15、20、25 时，都满足除以 5 的余数等于 0 这一条件，因此在得分后添加以下代码，即可实现每得 5 分障碍物的移动速度加 1：

```
if (score%5 == 0):
    speed = speed + 1
```

完整代码如下：

5-7-2.py

```
import pgzrun  # 导入游戏库
import random  # 导入随机库
WIDTH = 350    # 设置窗口的宽度
HEIGHT = 600   # 设置窗口的高度
```

```
background = Actor('background')  # 导入背景图片
bird = Actor('bird')              # 导入小鸟图片
bird.x = 50                       # 设置小鸟的x坐标
bird.y = HEIGHT/2                 # 设置小鸟的y坐标
bar_up = Actor('bar_up')          # 导入障碍物上半部分图片
bar_up.x = 300                    # 设置障碍物上半部分的x坐标
bar_up.y = 0                      # 设置障碍物上半部分的y坐标
bar_down = Actor('bar_down')      # 导入障碍物下半部分图片
bar_down.x = 300                  # 设置障碍物下半部分的x坐标
bar_down.y = 600                  # 设置障碍物下半部分的y坐标
score = 0                         # 游戏得分
speed = 1                         # 游戏速度，即障碍物向左移动的速度

def draw():                       # 绘制模块，每帧重复执行
    background.draw()             # 绘制背景
    bar_up.draw()                 # 绘制障碍物上半部分
    bar_down.draw()               # 绘制障碍物下半部分
    bird.draw()                   # 绘制小鸟
    screen.draw.text(str(score), (30, 30),
                     fontsize=50, color='green')

def update():  # 更新模块，每帧重复操作
    global score,speed
    bird.y = bird.y + 2  # 小鸟y坐标增加，即缓慢下落
    bar_up.x = bar_up.x - speed      # 障碍物上半部分缓慢向左移动
    bar_down.x = bar_down.x - speed  # 障碍物下半部分缓慢向左移动
    # 当障碍物移动到最左边时，可以让其在右边重新出现
    if bar_up.x < 0:
        bar_up.x = WIDTH
        bar_down.x = WIDTH
        # 障碍物上半部分上下随机出现
        bar_up.y = random.randint(-200, 200)
        # 上、下部分的障碍物中间空挡大小固定
        bar_down.y = 600 + bar_up.y
        score = score + 1  # 得分加1
        if (score % 5 == 0): # 如果得分增加了5分，就让游戏速度增加1
            speed = speed + 1

    # 如果小鸟碰到障碍物上半部分或下半部分，则游戏失败
    if bird.colliderect(bar_up) or bird.colliderect(bar_down)
                or bird.y < 0 or bird.y>HEIGHT:
        print('游戏失败')

def on_mouse_down():  # 当鼠标点击时运行
```

```
    bird.y = bird.y - 100  # 小鸟y坐标减小，即上升一段距离

pgzrun.go()   # 开始执行游戏
```

练习5-2

利用for循环求解1到1000之间所有既能被13整除，又能被17整除的数字，得到如下输出结果。

练习5-3

韩信有一队少于3000人的士兵，他想知道具体有多少人，便让士兵排队报数。按从1至5报数，最末一个士兵报的数为1；按从1至6报数，最末一个士兵报的数为5；按从1至7报数，最末一个士兵报的数为4；最后再按从1至11报数，最末一个士兵报的数为10。你知道韩信有多少士兵吗？试设计程序。

5.8　游戏失败后的重置

游戏失败后，将得分清零、障碍物移动速度设为1，小鸟、障碍物回到初始位置，玩家就可以继续进行飞翔的小鸟游戏了。

5-8.py

```
# 其他部分代码同5-7-2.py
def update():  # 更新模块，每帧重复操作
    # 如果小鸟碰到障碍物上半部分或下半部分，则游戏失败
    if bird.colliderect(bar_up) or bird.colliderect(bar_down)
            or bird.y < 0 or bird.y>HEIGHT:
        print('游戏失败')
        # 把得分清零、障碍物移动速度设为1，小鸟、障碍物重新归位
        score = 0
        speed = 1
        bird.x = 50            # 设置小鸟的x坐标
        bird.y = HEIGHT/2      # 设置小鸟的y坐标
        bar_up.x = WIDTH       # 设置障碍物上半部分的x坐标
        bar_up.y = 0           # 设置障碍物上半部分的y坐标
```

```
bar_down.x = WIDTH      # 设置障碍物下半部分的x坐标
bar_down.y = 600        # 设置障碍物下半部分的y坐标
```

5.9 小结

这一章我们主要了解了图片的导入与显示、位置的设定、碰撞检测以及文字的显示等功能，学习了数据的类型转换、整除与取余的运算符等知识并应用变量、if语句、随机等基础语法而非使用for循环、列表，制作了飞翔的小鸟游戏。

学习了中学物理的读者，可以尝试将小鸟设定为受重力作用下落，以实现更自然的游戏效果。读者也可以参考本章的开发思路，尝试设计并分步骤制作一个跳跃躲避障碍物的游戏。

第6章 见缝插针

本章我们将编写一个见缝插针的游戏。玩家按下空格键后发射一根针到圆盘上，所有已发射的针跟着圆盘逆时针方向转动；如果新发射的针碰到已有的针，则游戏结束，如图6-1所示。

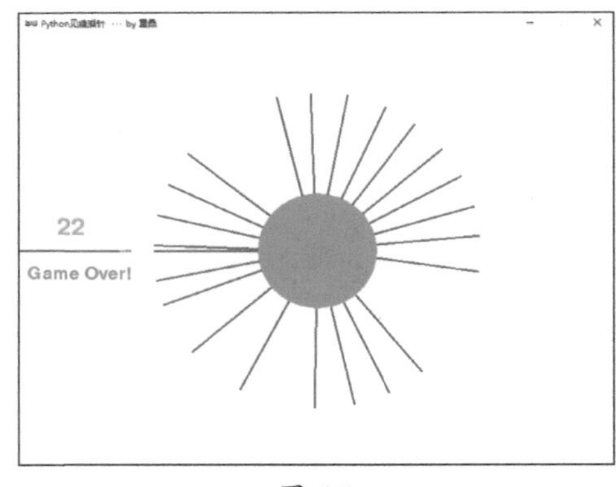

图 6-1

我们首先完成圆盘与针图片的显示、针的转动及旋转中心的设置；然后定义列表存储多根针的信息，实现多根针的发射、转动与失败判断；最后学习游戏信息的显示、音效的添加。

本章案例的最终代码一共49行，代码参看“配套资源\第6章\6-8.py”，视频效果参看“配套资源\第6章\见缝插针.mp4”。

6.1 圆盘与针的显示

首先，我们在窗口的正中心处显示一个空心圆。不进行额外设置，窗口默认宽800px、高600px，画面中心坐标即为(400,300)，效果如图6-2所示。

相关代码如下：

6-1-1.py

```
import pgzrun  # 导入游戏库

def draw():  # 绘制模块，每帧重复执行
    screen.fill('white')  # 白色背景
    screen.draw.circle((400, 300), 80, 'red')  # 绘制圆盘

pgzrun.go()  # 开始执行游戏
```

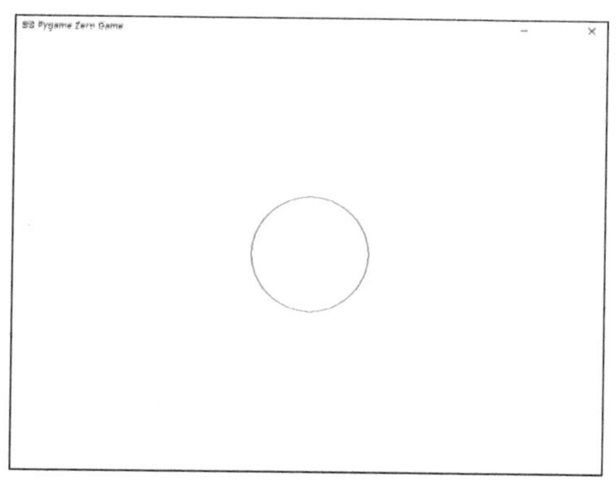

图 6-2

在“配套资源\第6章\images”目录下，其中存储有needle.jpg文件。这是一个简单绘制的针的图像，宽170px、高3px，如图6-3所示。

图 6-3

提示　电脑中存储的图像，可以认为其由很多小方块组成。小方块是组成图像的最小单元，其内部颜色统一，且不可再被分割。图 6-3 所示的图像由 170×3 个小方块组成，即可以说该图片的宽度为 170px，高度为 3px。

练习 6-1

请打开“配套资源\第 5 章\images”下的 4 张图片，它们的宽度、高度分别为多少 px？

利用在第 5 章学习的图片导入与显示功能，我们可以把针绘制出来。输入并运行下列代码：

6-1-2.py

```
import pgzrun  # 导入游戏库

needle = Actor('needle')  # 导入针的图片
needle.x = 100      # 设置针的x坐标
needle.y = 300      # 设置针的y坐标

def draw():  # 绘制模块，每帧重复执行
    screen.fill('white')  # 白色背景
    screen.draw.circle((400, 300), 80, 'red') # 绘制圆盘
    needle.draw()          # 绘制针

pgzrun.go()   # 开始执行游戏
```

效果如图 6-4 所示。

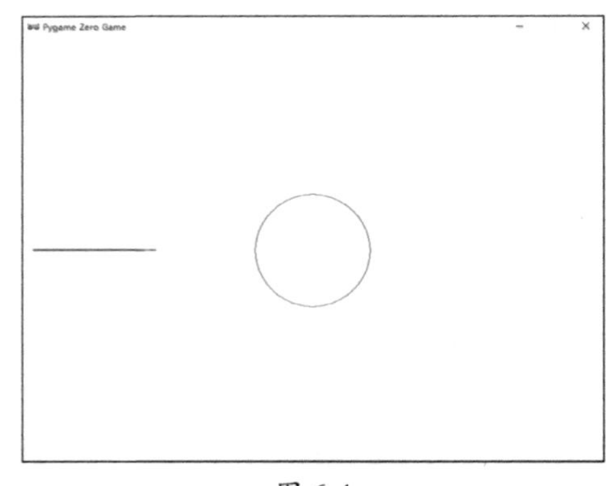

图 6-4

6.2 针的旋转

在代码6-1-2.py的基础上添加两行代码，即可实现针的旋转：

6-2-1.py

```
# 其他部分代码同6-1-2.py
def update():   # 更新模块，每帧重复操作
    needle.angle = needle.angle + 1  # 针的角度逐渐增加，即慢慢旋转
```

needle.angle表示针图像的旋转角度，在update()函数中将其旋转角度逐渐增加，即可让其按逆时针方向自动旋转，如图6-5所示。

默认情况下，针会绕着自己的中心点旋转，效果如图6-6所示。

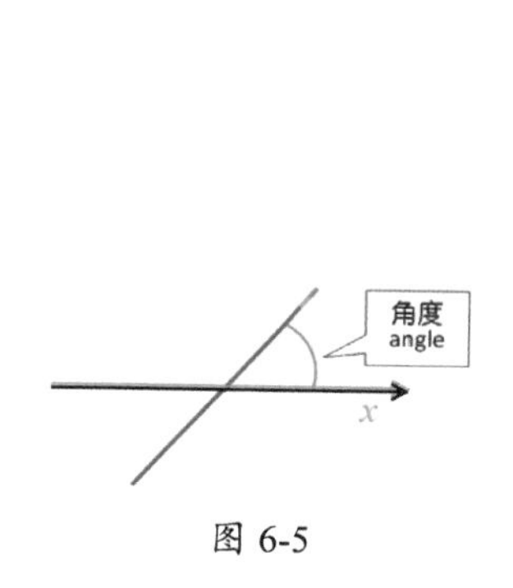

图 6-5

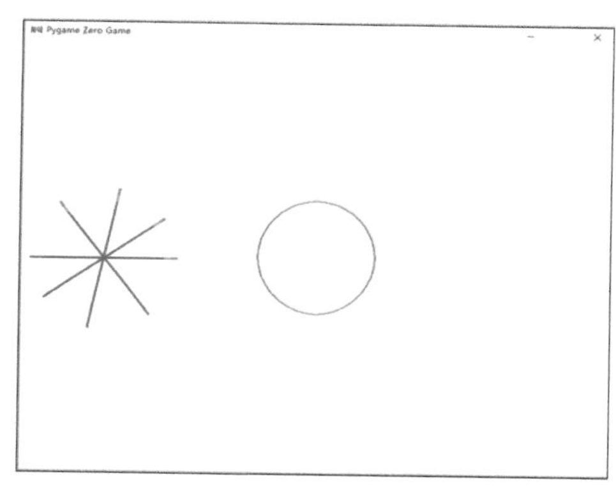

图 6-6

导入图片时，还可以设置其锚点，代码为：

```
needle = Actor('needle',anchor=(x, y))
```

其中(x, y)为要设定的锚点位置，也就是其旋转轴心的相对坐标。如果不设置，则其锚点默认为图像的中心位置。

针图片的宽度为170px、高度为3px，如图6-7所示。

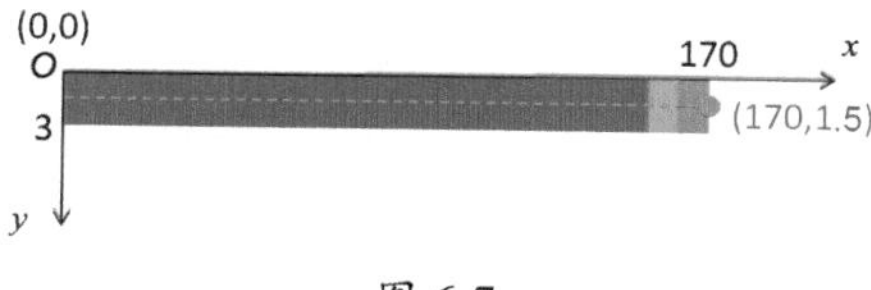

图 6-7

要让针绕着针尖旋转，需把它的锚点设为图像最右侧、上下中心位置，也即坐标为(170,1.5)处。输入代码如下：

6-2-2.py

```
# 其他部分代码同6-2-1.py
needle = Actor('needle', anchor=(170, 1.5))
needle.x = 400      # 设置针锚点的x坐标
needle.y = 300      # 设置针锚点的y坐标
```

needle.x、needle.y即为图片锚点的坐标，默认为图片中心的坐标。把锚点设为针尖位置后，代码6-2-2.py把针尖移到了窗口正中心，即可让针绕着窗口中心旋转，效果如图6-8所示。

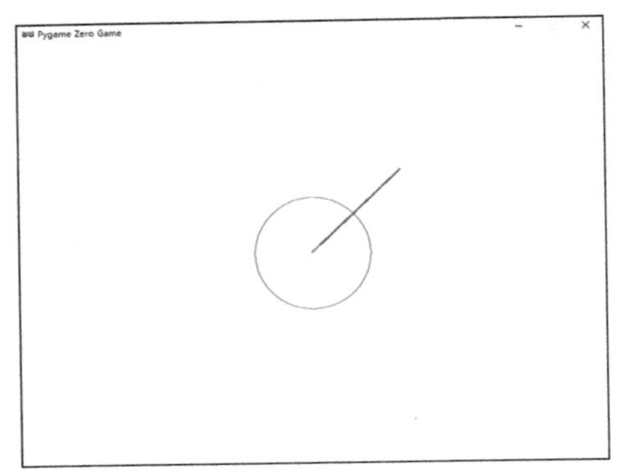

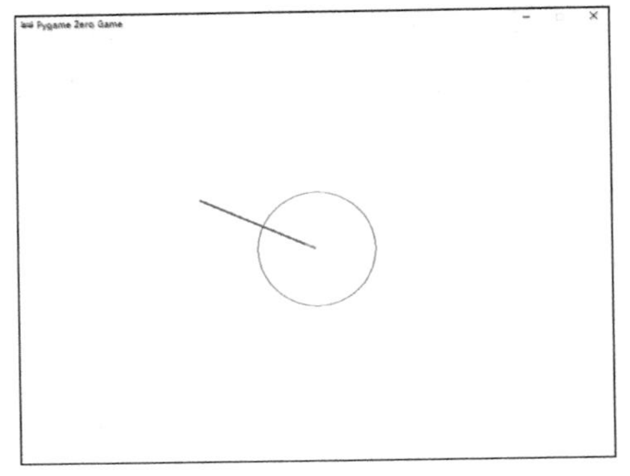

图 6-8

为了防止任意两根针在圆盘中心处发生碰撞，可把针的锚点设为距离针尖为t的一点，即针尖与圆盘中心的距离为t，如图6-9所示。

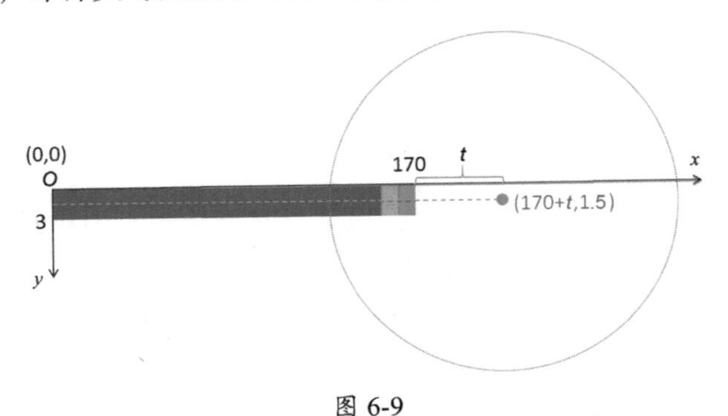

图 6-9

设定针图像的锚点坐标为(170+50, 1.5)，运行效果如图6-10所示。

完整代码为：

6-2-3.py

```
import pgzrun  # 导入游戏库
# 导入针的图片，设置锚点相对坐标
```

```
needle = Actor('needle', anchor=(170+50, 1.5))
needle.x = 400      # 设置针锚点的x坐标
needle.y = 300      # 设置针锚点的y坐标

def draw():     # 绘制模块，每帧重复执行
    screen.fill('white')  # 白色背景
    screen.draw.circle((400, 300), 80, 'red') # 绘制圆盘
    needle.draw()          # 绘制针

def update():  # 更新模块，每帧重复操作
    needle.angle = needle.angle + 1  # 针的角度逐渐增加，即慢慢旋转

pgzrun.go()  # 开始执行游戏
```

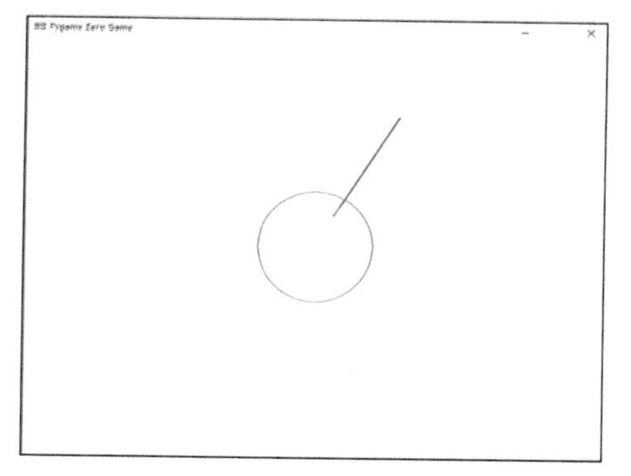

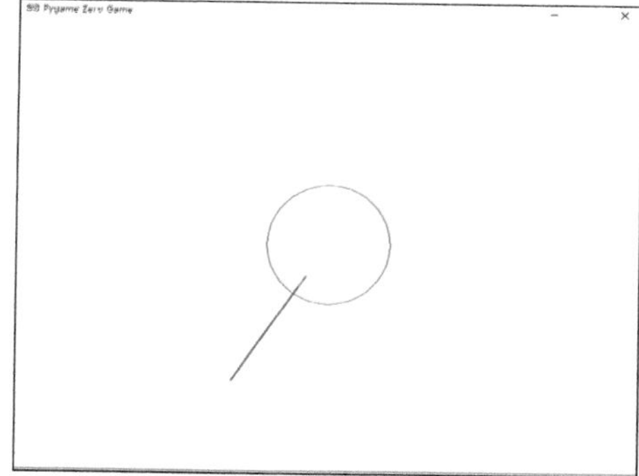

图 6-10

练习6-2

尝试实现地球绕着太阳旋转的动画效果，如图6-11所示，对应图片文件（太阳.jpg、地球.jpg）在“配套资源\第6章\images”目录下。

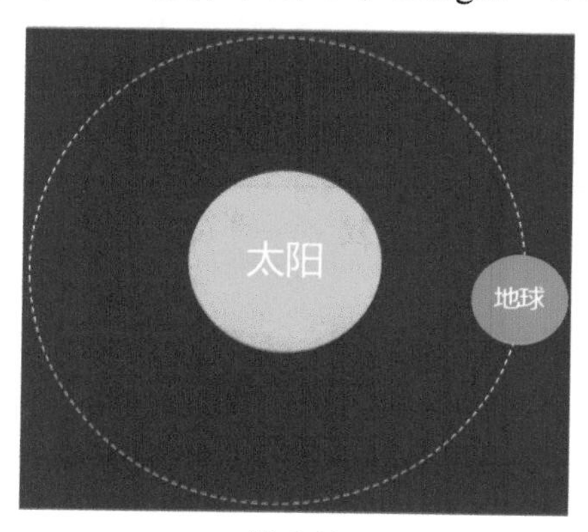

图 6-11

6.3　针的发射与开始转动

我们首先把针初始化到发射前的位置，效果如图6-12所示。

代码为：

```
needle.x = 220      # 设置针锚点的x坐标
needle.y = 300      # 设置针锚点的y坐标
```

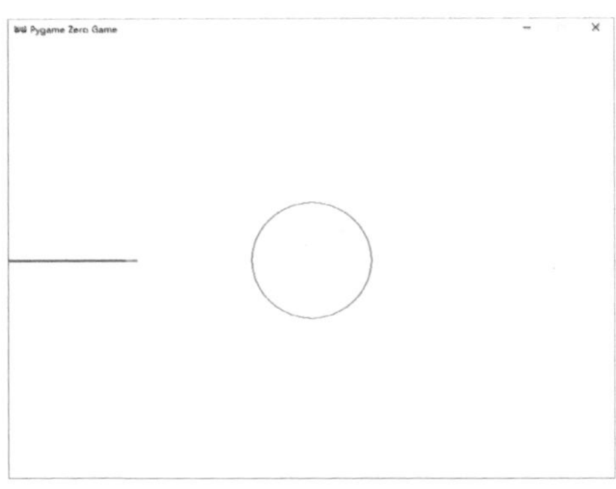

图 6-12

当按下任意键盘键时，把针移动到目标位置：

```
def on_key_down():  # 当按下任意键盘键时执行
    needle.x = 400  # 针移动到目标位置
```

其中函数on_key_down()表示当按下键盘上的任意键后执行。把针尖的x坐标设为400，即移动到圆盘中心。

在update()函数中判断，如果针移动到目标位置，即其x坐标等于400时，则开始旋转：

```
def update():  # 更新模块，每帧重复操作
    if needle.x == 400:  # 如果针到了目标位置，则开始旋转
        needle.angle += 1  # 针的角度逐渐增加，即慢慢旋转
```

其中，needle.angle += 1用了复合运算符，等价于needle.angle = needle.angle + 1。

完整代码如下：

6-3-1.py

```
import pgzrun  # 导入游戏库
# 导入针的图片，设置锚点相对坐标
```

```
needle = Actor('needle', anchor=(170+50, 1.5))
needle.x = 220    # 设置针锚点的x坐标
needle.y = 300    # 设置针锚点的y坐标

def draw():  # 绘制模块，每帧重复执行
    screen.fill('white')  # 白色背景
    screen.draw.circle((400, 300), 80, 'red') # 绘制圆盘
    needle.draw()          # 绘制针

def update():  # 更新模块，每帧重复操作
    if needle.x == 400:  # 如果针到了目标位置，则开始旋转
        needle.angle += 1  # 针的角度逐渐增加，即慢慢旋转

def on_key_down():  # 当按下任意键盘键时执行
    needle.x = 400  # 针移动到目标位置

pgzrun.go()  # 开始执行游戏
```

练习6-3

在练习6-2的基础上，实现按任意键盘键后地球停止转动。

除了标准的if语句，Python还提供了if-else语句：

6-3-2.py

```
s = input("请输入一个数字：")
x = int(s)
if (x%2==0):
    print(x,'是偶数')
else:
    print(x,'是奇数')
```

以下为两组输入输出结果，读者也可以尝试运行程序，在海龟编辑器的控制台中输入更多的测试数据。

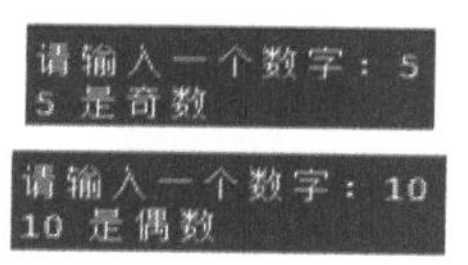

程序运行后，input()函数首先输出括号内的字符串作为输入提示。用户在控制台中输入一个数字后按回车键，input()函数获得用户输入的字符串s。int(s)将输入的字符串转换为整数，并存储在变量x中。

if-else语句首先判断条件x%2==0是否满足，如果条件满足，就执行if后面的

print(x,'是偶数')语句；如果条件不满足，则执行else之后的print(x,'是奇数')语句。

提示 print()函数可以输出多组值，中间以空格隔开。如x=5，print(x,'是奇数')会先输出x的值5和空格，再输出字符串'是奇数'。

提示 else必须和if配套使用；else后面有一个冒号，下面的语句也需要向右缩进。

练习6-4

输入两个数字，利用if-else语句求两个数的最大值，示例输入输出如下。

```
请输入数字1: 5
请输入数字2: 8
8 是两个数字中的最大值
```

练习6-5

在练习6-3的基础上，实现按任意键盘键，地球切换停止、旋转两种状态。

另外，当有一系列条件要判断时，Python还提供了elif语句（else if的缩写）。以下代码可把百分制得分转换为5级评分标准：

6-3-3.py

```
x = int(input('请输入0-100的得分：'))
if (90 <= x <= 100):
    print('优秀')
elif (80 <= x < 90):
    print('良好')
elif (70 <= x < 80):
    print('中等')
elif (60 <= x < 70):
    print('及格')
else:
    print('不及格')
```

示例输入输出如下。

```
请输入0-100的得分：86
良好
```

代码首先将控制台中输入的字符串转换为整数，并存储在变量x中，判断得分是否在90到100之间，如果条件满足就输出“优秀”；

否则，判断得分是否在80到89之间，如果条件满足就输出“良好”；

否则，判断得分是否在70到79之间，如果条件满足就输出“中等”；

否则，判断得分是否在60到69之间，如果条件满足就输出“及格”；

否则，就说明得分小于60，输出“不及格”。

练习6–6

输入你的出生年份，用if-elif语句输出你的生肖属相，示例输入输出如下。

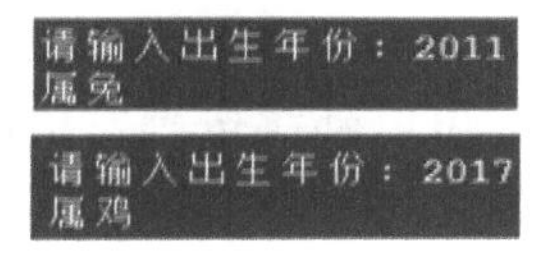

练习6–7

应用列表，用4行代码实现练习6-6。

6.4 多根针的发射与转动

为了实现多根针的发射与转动，定义列表来存储多根针的信息：

```
needles = [] # 存储所有针的列表，初始为空
```

先把第1根针的信息存储到列表中：

```
# 导入针的图片、设置锚点相对坐标
newNeedle = Actor('needle', anchor=(170+50, 1.5))
newNeedle.x = 220      # 设置针锚点的x坐标
newNeedle.y = 300      # 设置针锚点的y坐标
needles.append(newNeedle)  # 初始一根针加入列表中
```

draw()函数中需要绘制出列表中的每根针：

```
def draw():   # 绘制模块，每帧重复执行
    for needle in needles:   # 绘制列表中的每根针
        needle.draw()        # 绘制针
```

update()函数中需要把列表中每根针的旋转角度逐渐增加：

```
def update():   # 更新模块，每帧重复操作
    for needle in needles:   # 对列表中的每根针遍历处理
        if needle.x == 400:  # 如果针到了目标位置，则开始旋转
            needle.angle += 1  # 针的角度逐渐增加，即慢慢旋转
```

每按下任意键盘键时，最新针的位置移动到圆盘中心；再在左边待发射区域新建一根针，添加到列表中：

```
def on_key_down(): # 当按下任意键盘键时执行
    global newNeedle
    newNeedle.x = 400  # 针移动到目标位置
    # 再新建一根针
    newNeedle = Actor('needle', anchor=(170+50, 1.5))
    newNeedle.x = 220     # 设置针锚点的x坐标
    newNeedle.y = 300     # 设置针锚点的y坐标
    needles.append(newNeedle)  # 初始一根针加入列表中
```

实现效果如图 6-13 所示，可以陆续按键发射出多根针，发射到圆盘上的多根针随转盘沿逆时针方向转动。

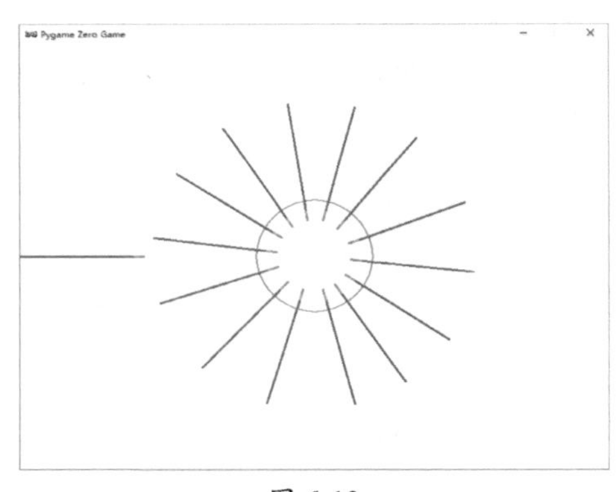

图 6-13

完整代码如下：

6-4.py

```
import pgzrun  # 导入游戏库
needles = []   # 存储所有针的列表，开始为空

# 导入针的图片、设置锚点相对坐标
newNeedle = Actor('needle', anchor=(170+50, 1.5))
newNeedle.x = 220     # 设置针锚点的x坐标
newNeedle.y = 300     # 设置针锚点的y坐标
needles.append(newNeedle)  # 初始一根针加入列表中

def draw():  # 绘制模块，每帧重复执行
    screen.fill('white')  # 白色背景
    screen.draw.circle((400, 300), 80, 'red') # 绘制圆盘
```

```
    for needle in needles:  # 绘制列表中的每根针
        needle.draw()       # 绘制针

def update():  # 更新模块，每帧重复操作
    for needle in needles:  # 对列表中的每根针遍历处理
        if needle.x == 400:  # 如果针到了目标位置，则开始旋转
            needle.angle += 1  # 针的角度逐渐增加，即慢慢旋转

def on_key_down():  # 当按下任意键盘键时执行
    global newNeedle
    newNeedle.x = 400  # 针移动到目标位置

    # 再新建一根针
    newNeedle = Actor('needle', anchor=(170+50, 1.5))
    newNeedle.x = 220     # 设置针锚点的x坐标
    newNeedle.y = 300     # 设置针锚点的y坐标
    needles.append(newNeedle)  # 初始一根针加入列表中

pgzrun.go()  # 开始执行游戏
```

6.5 游戏失败的判断

分析6-4.py中的代码，在待发射区的这根针不需要添加到needles列表中，只需要保持静止、一直显示即可。因此在on_key_down函数中添加代码，使每次按键后新建一个自动旋转的针newNeedle，添加到列表needles中即可。

为了更好的游戏效果，把draw()函数修改为绘制实心圆盘filled_circle()，效果如图6-14所示。

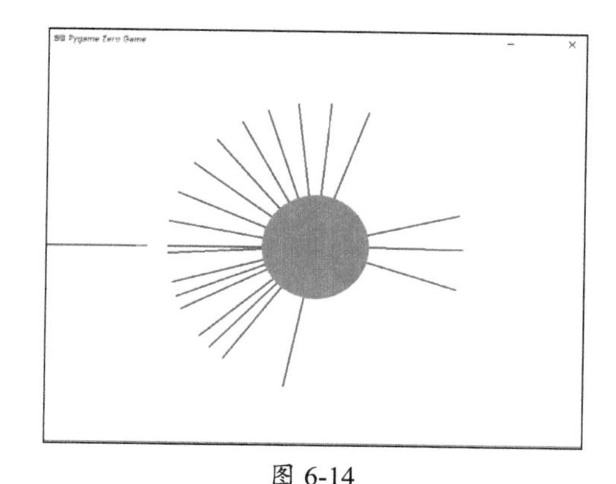

图 6-14

修改代码为：

6-5-1.py

```
import pgzrun  # 导入游戏库
# 导入初始位置针的图片、设置锚点相对坐标
startNeedle = Actor('needle', anchor=(170+50, 1.5))
startNeedle.x = 200    # 设置针锚点的x坐标
startNeedle.y = 300    # 设置针锚点的y坐标
needles = []  # 存储所有针的列表，开始为空

def draw():  # 绘制模块，每帧重复执行
    screen.fill('white')  # 白色背景
    startNeedle.draw()    # 初始位置针的绘制
    for needle in needles:  # 绘制列表中的每根针
        needle.draw()       # 绘制针
    screen.draw.filled_circle((400, 300), 80, 'red')  # 绘制实心圆盘

def update():  # 更新模块，每帧重复操作
    for needle in needles:  # 对列表中的每根针遍历处理
        needle.angle += 1  # 针的角度逐渐增加，即慢慢旋转

def on_key_down():  # 当按下任意键盘键时执行
    # 再新建一根针
    newNeedle = Actor('needle', anchor=(170+50, 1.5))
    newNeedle.x = 400    # 设置针锚点的x坐标
    newNeedle.y = 300    # 设置针锚点的y坐标
    needles.append(newNeedle)  # 把针加入列表中

pgzrun.go()  # 开始执行游戏
```

对列表needles中的所有针进行遍历，如果新创建的针newNeedle和needles中的任一根针needle发生碰撞，就输出：'游戏失败'。判断之后，再将新创建的针newNeedle添加到列表needles中。

代码如下：

6-5-2.py

```
# 其他部分代码同6-5-1.py
def on_key_down():  # 当按下任意键盘键时执行
    # 再新建一根针
    newNeedle = Actor('needle', anchor=(170+50, 1.5))
    newNeedle.x = 400    # 设置针锚点的x坐标
    newNeedle.y = 300    # 设置针锚点的y坐标

    for needle in needles:
        if newNeedle.colliderect(needle):
```

```
            print('游戏失败')

    needles.append(newNeedle)  # 把针加入列表中
```

6.6 游戏失败后停止旋转

定义变量rotateSpeed，设置其初始值为1：

```
rotateSpeed = 1     # 旋转速度
```

在update()函数中，设置针每帧角度增加rotateSpeed：

```
def update():  # 更新模块，每帧重复操作
    for needle in needles:  # 对列表中的每根针遍历处理
        needle.angle = needle.angle + rotateSpeed  # 增加针的角度
```

当游戏失败后，将rotateSpeed值设为0，即所有针停止旋转：

```
def on_key_down():  # 当按下任意键盘键时执行
    global rotateSpeed
    for needle in needles:
        if newNeedle.colliderect(needle):
            print('游戏失败')
            rotateSpeed = 0  # 游戏失败，针停止旋转
```

完整代码参看6-6.py。

6.7 得分统计与游戏信息显示

参考5.6节中的方法，首先增加一个变量记录得分，并设置其初始值为0：

```
score = 0     # 游戏得分
```

按下任意键盘键后，如果新增加的针没有与其他针发生碰撞，则旋转速度rotateSpeed大于0，就将游戏得分加1：

```
def on_key_down():  # 当按下任意键盘键时执行
    global rotateSpeed,score
    if rotateSpeed >0 :  # 如果针还在旋转
        score = score + 1  # 得分加1
```

在draw()函数中显示得分：

```
def draw():              # 绘制模块，每帧重复执行
    screen.draw.text(str(score), (50, 250),
                    fontsize=50, color='green')
```

当游戏失败后，还可以显示信息"Game Over!"：

```
if rotateSpeed == 0: # 游戏失败
    screen.draw.text("Game Over!", (10, 320), fontsize=35, color='red')
```

另外，我们也可以为游戏窗口添加标题，如加上游戏名称、作者姓名等信息：

```
TITLE = 'Python见缝插针  --- by 童晶'
```

完整代码参看6-7.py，游戏运行效果如图6-15所示。

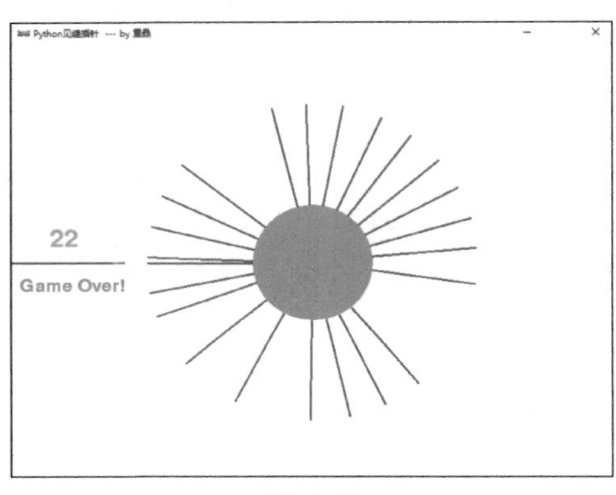

图 6-15

6.8　添加音效

在当前代码目录下新建文件夹music，拷贝对应的游戏音效文件“弹簧.mp3”“溜走.mp3”。当按下任意键盘键后，发射一根针，如果旋转速度大于0，就播放“弹簧.mp3”；如果新增加的针和其他针碰撞，则游戏失败，播放“溜走.mp3”。

```
def on_key_down():  # 当按下任意键盘键时执行
    if rotateSpeed > 0:  # 播放音效
        music.play_once('弹簧')
    for needle in needles:
        if newNeedle.colliderect(needle):  # 新针和其他针碰撞
            print('游戏失败')
            rotateSpeed = 0  # 游戏失败，针停止旋转
            music.play_once('溜走')
```

其中music.play_once()函数可以播放一次音效文件，括号内的字符串为音效文件的名称。本章完整游戏代码如下所示：

6-8.py

```
import pgzrun  # 导入游戏库
TITLE = 'Python见缝插针  --- by 童晶'

# 导入初始位置针的图片、设置锚点相对坐标
startNeedle = Actor('needle', anchor=(170+50, 1.5))
startNeedle.x = 200     # 设置针锚点的x坐标
startNeedle.y = 300     # 设置针锚点的y坐标
needles = []  # 存储所有针的列表，初始为空

rotateSpeed = 1  # 旋转速度，默认是1，后面游戏结束后改成0
score = 0     # 游戏得分

def draw():  # 绘制模块，每帧重复执行
    screen.fill('white')  # 白色背景
    startNeedle.draw()    # 初始位置针的绘制
    for needle in needles:  # 绘制列表中的每根针
        needle.draw()       # 绘制针
    screen.draw.filled_circle((400, 300), 80, 'red')  # 绘制圆盘
    screen.draw.text(str(score), (50, 250),
                     fontsize=50, color='green')      # 显示游戏得分
    if rotateSpeed == 0:    # 游戏失败
        screen.draw.text("Game Over!", (10, 320), fontsize=35, color='red')

def update():   # 更新模块，每帧重复操作
    for needle in needles:  # 对列表中的每根针遍历处理
        needle.angle += rotateSpeed  # 针的角度逐渐增加，即慢慢旋转

def on_key_down():  # 当按下任意键盘键时执行
    global rotateSpeed, score
    if rotateSpeed >0: # 播放音效
        music.play_once('弹簧')

    # 再新建一根针
    newNeedle = Actor('needle', anchor=(170+50, 1.5))
    newNeedle.x = 400      # 设置针锚点的x坐标
    newNeedle.y = 300      # 设置针锚点的y坐标

    for needle in needles:
        # 如果新针和其他针碰撞，则游戏失败
        if newNeedle.colliderect(needle):
            print('游戏失败')
            rotateSpeed = 0  # 游戏失败，针停止旋转
            music.play_once('溜走')
```

```
    if rotateSpeed > 0:  # 如果针还在旋转
        score += 1  # 则得分加1

    needles.append(newNeedle)  # 把新针加入列表中

pgzrun.go()   # 开始执行游戏
```

6.9　小结

这一章我们主要了解了图片旋转的实现、多张图片列表的使用、游戏音效的播放等功能，学习了if-elif-else和input语句，并应用if选择判断、for循环、列表等语法知识，实现了见缝插针游戏。读者可以在本章代码基础上继续改进：

1. 随着游戏的进行，针的旋转速度越来越快，游戏难度越来越大；
2. 中间显示为第3章的同心圆，同心圆每被针射中一次，就换一次随机颜色；
3. 尝试在画面右边新增一根针，实现双人版的见缝插针游戏。

读者也可以参考本章的开发思路，尝试设计并分步骤制作旋转炮台射击气球的小游戏。

第7章 飞机大战

本章我们将编写一个飞机大战的游戏，玩家移动鼠标控制飞机移动、按下鼠标键发射子弹，效果如图7-1所示。我们首先实现背景循环滚动、飞机发射子弹，然后实现敌机的控制与得分显示、游戏失败的判断与处理，最后为游戏添加音效。

本章案例的最终代码一共88行，代码参看“配套资源\第7章\7-7.py”，视频效果参看“配套资源\第7章\飞机大战.mp4”。

图 7-1

7.1 显示飞机与背景图片

在本书的配套电子资源中，找到“第7章\images”文件夹，其中存放有我们这章需要的游戏素材图片，如

图 7-2 所示。

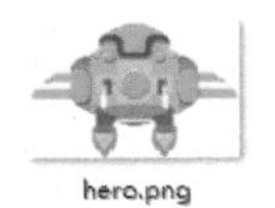

图 7-2

首先导入背景图片“background.png”（宽 480px、高 852px）、玩家飞机图片“hero.png”，设置窗口大小并绘制。输入并运行以下代码：

7-1-1.py

```
import pgzrun  # 导入游戏库
WIDTH = 480    # 设置窗口的宽度
HEIGHT = 852   # 设置窗口的高度

background = Actor('background')  # 导入背景图片
hero = Actor('hero')  # 导入玩家飞机图片
hero.x = WIDTH/2       # 设置玩家飞机的x坐标
hero.y = HEIGHT*2/3    # 设置玩家飞机的y坐标

def draw():
    background.draw()  # 绘制游戏背景
    hero.draw()  # 绘制玩家飞机

pgzrun.go()  # 开始执行游戏
```

运行后的效果如图 7-3 所示。

图 7-3

回顾4.4节中的用法，添加以下代码，即可让飞机随着鼠标移动：

```
def on_mouse_move(pos, rel, buttons):  # 当鼠标移动时执行
    hero.x = pos[0]  # 玩家飞机的x坐标设为鼠标的x坐标
    hero.y = pos[1]  # 玩家飞机的y坐标设为鼠标的y坐标
```

完整代码可参看7-1-2.py。

7.2 背景循环滚动

背景图片最上面一行和最下面一行的像素是完全一致的，这一节我们让背景图片向下循环滚动，从而使玩家感觉飞机一直在向上飞行。

背景图片宽480px、高852px，我们将游戏窗口高度设为小一些的700px：

```
WIDTH = 480     # 设置窗口的宽度
HEIGHT = 700    # 设置窗口的高度
```

导入两次背景图片，得到background1、background2。其中background1的x坐标为480/2=240，y坐标为852/2=426，其中心点正好和窗口的中心点重合；background2的x坐标为480/2=240，y坐标为426 − 852 = −426，正好在background1的正上方：

```
background1 = Actor('background')  # 导入背景图片
background1.x = 480/2  # 背景1的x坐标
background1.y = 852/2  # 背景1的y坐标
background2 = Actor('background')  # 导入背景图片
background2.x = 480/2   # 背景2的x坐标
background2.y = -852/2  # 背景2的y坐标
```

初始效果如图7-4a所示，红色虚线框为游戏窗口，background1的中心和窗口的中心重合，background2在background1的正上方。

在update()函数中添加两行代码，使background1、background2的y坐标逐渐增加，即使得它们缓缓向下滚动：

```
def update():  # 更新模块，每帧重复操作
    background1.y += 1  # 背景1向下滚动
    background2.y += 1  # 背景2向下滚动
```

其中background1.y += 1为复合运算符，其等价于background1.y = background1.y +1。

练习7-1

写出下面程序运行的结果。

练习 *7-1.py*

```
a = 1
a += 4
print(a)
a -= 2
print(a)
a *= 4
print(a)
a //= 5
print(a)
a %= 3
print(a)
a /= 4
print(a)
```

当background1移动到图7-4b所示位置时，也即background1.y > 852/2 + 852时，我们将background1的位置移动到background2的正上方（如图7-4c所示）：

```
def update():  # 更新模块，每帧重复操作
    if background1.y > 852/2 + 852:
        background1.y = -852/2
```

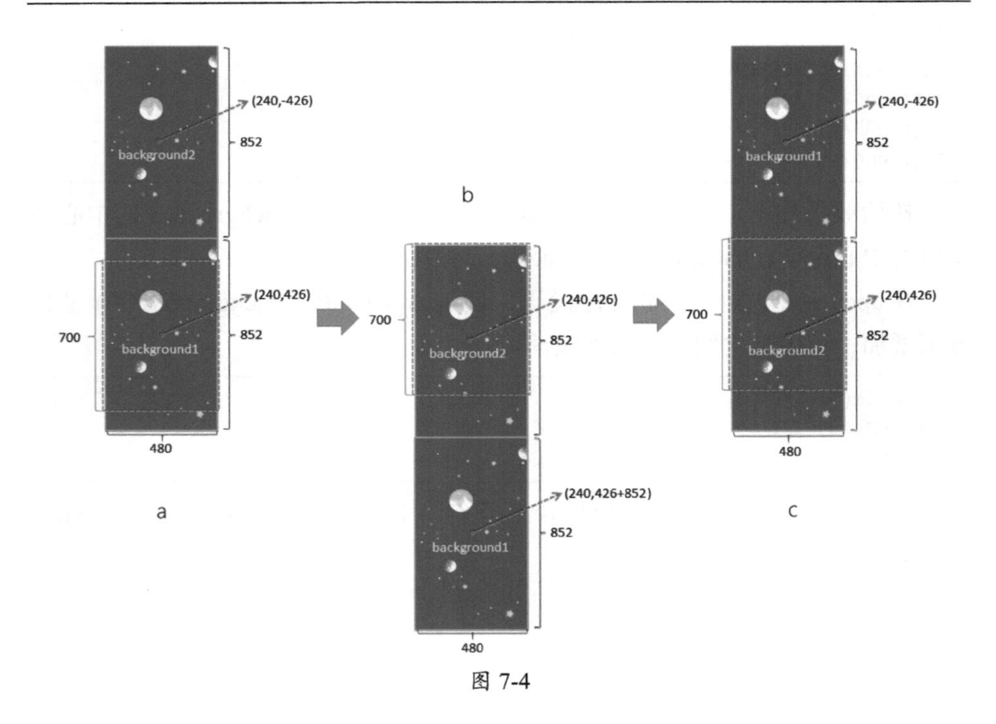

图 7-4

对background2也进行类似的操作，即可实现背景图片的循环滚动。完整代码如下所示：

7-2.py

```
import pgzrun  # 导入游戏库
WIDTH = 480    # 设置窗口的宽度
HEIGHT = 700   # 设置窗口的高度

background1 = Actor('background')  # 导入背景图片
background1.x = 480/2  # 背景1的x坐标
background1.y = 852/2  # 背景1的y坐标
background2 = Actor('background')  # 导入背景图片
background2.x = 480/2   # 背景2的x坐标
background2.y = -852/2  # 背景2的y坐标

hero = Actor('hero')  # 导入玩家飞机图片
hero.x = WIDTH/2      # 设置玩家飞机的x坐标
hero.y = HEIGHT*2/3   # 设置玩家飞机的y坐标

def draw():  # 绘制模块，每帧重复执行
    background1.draw()  # 绘制游戏背景
    background2.draw()  # 绘制游戏背景
    hero.draw()  # 绘制玩家飞机

def update():  # 更新模块，每帧重复操作
    # 以下代码用于实现背景图片的循环滚动效果
    if background1.y > 852/2 + 852:
        background1.y = -852/2  # 背景1移动到背景2的正上方
    if background2.y > 852/2 + 852:
        background2.y = -852/2  # 背景2移动到背景1的正上方
    background1.y += 1  # 背景1向下滚动
    background2.y += 1  # 背景2向下滚动

def on_mouse_move(pos, rel, buttons):  # 当鼠标移动时执行
    hero.x = pos[0]  # 玩家飞机的x坐标设为鼠标的x坐标
    hero.y = pos[1]  # 玩家飞机的y坐标设为鼠标的y坐标

pgzrun.go()  # 开始执行游戏
```

7.3 发射子弹

首先导入子弹图片，并设置其坐标，再在draw()函数中绘制：

```
bullet = Actor('bullet')  # 导入子弹图片
bullet.x = WIDTH/2        # 子弹的x坐标
bullet.y = HEIGHT/2       # 子弹的y坐标
def draw():  # 绘制模块，每帧重复执行
    bullet.draw() # 绘制子弹
```

运行后的效果如图 7-5 所示。

图 7-5

当按下鼠标键时，把子弹放置到飞机的正上方：

```
def on_mouse_down(): # 当按下鼠标键时
    bullet.x = hero.x    # 把子弹位置设为玩家飞机的正上方
    bullet.y = hero.y - 70
```

效果如图 7-6 所示。

图 7-6

和 5.3 节中处理小鸟下落的代码类似，在 update() 函数中实现子弹自动向

上移动：

```
def update():  # 更新模块，每帧重复操作
    bullet.y = bullet.y - 10 # 子弹自动向上移动
```

进一步，可将子弹的y坐标初始化为-HEIGHT，这样子弹初始在窗口外，不可见：

```
bullet.y = -HEIGHT        # 子弹的y坐标，初始不可见
```

在update()函数中，仅当子弹y坐标大于-HEIGHT时，才将其向上移动：

```
def update():  # 更新模块，每帧重复操作
    if bullet.y > -HEIGHT:
        bullet.y = bullet.y - 10 # 子弹自动向上移动
```

效果如图7-7所示。

图 7-7

如此，即可实现初始时子弹不可见；按下鼠标键时，子弹首先出现在飞机的正上方，然后自动向上运动。完整代码如下所示：

7-3.py

```
import pgzrun  # 导入游戏库
WIDTH = 480    # 设置窗口的宽度
HEIGHT = 700   # 设置窗口的高度

background1 = Actor('background')  # 导入背景1图片
```

```
background1.x = 480/2  # 背景1的x坐标
background1.y = 852/2  # 背景1的y坐标
background2 = Actor('background')  # 导入背景2图片
background2.x = 480/2   # 背景2的x坐标
background2.y = -852/2  # 背景2的y坐标
bullet = Actor('bullet')  # 导入子弹图片
bullet.x = WIDTH/2        # 子弹的x坐标
bullet.y = -HEIGHT       # 子弹的y坐标，初始不可见
hero = Actor('hero')  # 导入玩家飞机图片
hero.x = WIDTH/2      # 设置玩家飞机的x坐标
hero.y = HEIGHT*2/3   # 设置玩家飞机的y坐标

def draw():  # 绘制模块，每帧重复执行
    background1.draw()  # 绘制游戏背景
    background2.draw()  # 绘制游戏背景
    hero.draw()  # 绘制玩家飞机
    bullet.draw() # 绘制子弹

def update():  # 更新模块，每帧重复操作
    # 以下代码用于实现背景图片的循环滚动效果
    if background1.y > 852/2 + 852:
        background1.y = -852/2  # 背景1移动到背景2的正上方
    if background2.y > 852/2 + 852:
        background2.y = -852/2  # 背景2移动到背景1的正上方
    background1.y += 1  # 背景1向下滚动
    background2.y += 1  # 背景2向下滚动

    if bullet.y > -HEIGHT:
        bullet.y = bullet.y - 10 # 子弹自动向上移动

def on_mouse_move(pos, rel, buttons):  # 当鼠标移动时执行
    hero.x = pos[0]  # 玩家飞机的x坐标设为鼠标的x坐标
    hero.y = pos[1]  # 玩家飞机的y坐标设为鼠标的y坐标

def on_mouse_down(): # 当按下鼠标键时
    bullet.x = hero.x   # 把子弹位置设为玩家飞机的正上方
    bullet.y = hero.y - 70

pgzrun.go()  # 开始执行游戏
```

7.4　敌机的显示和下落

首先导入敌机图片，并设置其坐标，再在 draw() 函数中绘制：

```
enemy = Actor('enemy')  # 导入敌机图片
enemy.x = WIDTH/2       # 设置敌机的x坐标
```

```
enemy.y = 0               # 设置敌机的y坐标
def draw():  # 绘制模块，每帧重复执行
    enemy.draw()  # 绘制敌机飞机
```

参考2.8节中小球重复下落、5.4节中障碍物重复出现的代码，实现敌机的自动下落。设置敌机降落到底部后在窗口顶部再次出现，并为其设置随机x坐标：

```
import random  # 导入随机库
def update():  # 更新模块，每帧重复操作
    enemy.y += 3 # 敌机自动下落
    if enemy.y > HEIGHT: # 敌机落到画面底部
        enemy.y = 0 # 敌机从上面重新出现
        enemy.x = random.randint(80, 400) # 敌机水平位置随机
```

完整代码参看7-4.py，实现效果如图7-8所示。

图 7-8

7.5　击中敌机的判断与得分显示

增加一个变量记录得分，并设置其初始值为0：

```
score = 0      # 游戏得分
```

当子弹与敌机碰撞时，设置敌机重新从上面出现、游戏得分加1、子弹隐藏：

```
def update():  # 更新模块，每帧重复操作
    if bullet.colliderect(enemy): # 子弹与敌机发生碰撞后
```

```
        enemy.y = 0 # 敌机从上面重新出现
        enemy.x = random.randint(0, WIDTH)  # 敌机水平位置随机
        score = score + 1 # 得分加1
        bullet.y = -HEIGHT  # 隐藏子弹
```

在 draw() 函数中进行得分的显示：

```
def draw():   # 绘制模块，每帧重复执行
    screen.draw.text(str(score), (240, HEIGHT-50),
                fontsize=30, color='black')
```

完整代码参看 7-5-1.py，实现效果如图 7-9 所示。

图 7-9

如果想输出更多的信息，则可以利用字符串的拼接功能：

7-5-2.py

```
score = 5
str = "Score:" + str(score)
print(str)
```

str(score) 把整数转换为字符串，加号 + 把字符串 "Score:" 与 str(score) 拼接起来，运行后输出如下结果。

```
Score:5
```

将代码 7-5-1.py 中的得分显示函数替换为：

```
screen.draw.text("Score:"+str(score), (200, HEIGHT-50),
                 fontsize=30,color='black')
```

运行后即可显示图7-10所示的效果。

图 7-10

另外，也可以实现中文字符串的拼接显示：

7-5-3.py

```
score = 10
str = "得分：" + str(score)
print(str)
```

运行后输出如下结果。

```
得分：10
```

练习7-2

输入你的姓名、所在城市，利用字符串拼接输出欢迎信息，示例输入输出如下。

```
请输入你的姓名：童晶
请输入你所在的城市：常州
常州的童晶你好，欢迎学习Python游戏趣味编程！
```

将代码7-5-1.py中的得分显示函数替换为：

```
screen.draw.text("得分："+str(score), (200, HEIGHT-50), fontsize=30,color='black')
```

运行后显示出现了问题，中文字符无法正常显示，如图7-11所示。

图 7-11

为了能在游戏中正常显示中文，可以在当前代码目录下新建一个fonts文件夹，放入支持中文的字体文件。比如，读者可以直接将“配套资源第7章\fonts\s.ttf”复制到对应目录下，将显示文字的代码改为：

```
screen.draw.text("得分: "+str(score), (200, HEIGHT-50), fontsize=30, fontname=
                  's', color='black')
```

其中 fontname='s' 设置字体，此时“得分”就可以正常显示了，如图 7-12 所示。

得分: 15

图 7-12

另外，我们也可以为游戏窗口添加标题信息，增加代码如下：

```
TITLE = 'Python飞机大战'
```

完整代码如下：

7-5-4.py

```
import pgzrun  # 导入游戏库
import random  # 导入随机库

WIDTH = 480     # 设置窗口的宽度
HEIGHT = 700    # 设置窗口的高度
TITLE = 'Python飞机大战'

background1 = Actor('background')  # 导入背景1图片
background1.x = 480/2  # 背景1的x坐标
background1.y = 852/2  # 背景1的y坐标
background2 = Actor('background')  # 导入背景2图片
background2.x = 480/2    # 背景2的x坐标
background2.y = -852/2   # 背景2的y坐标

bullet = Actor('bullet')  # 导入子弹图片
bullet.x = WIDTH/2        # 子弹的x坐标
bullet.y = -HEIGHT        # 子弹的y坐标，初始不可见

hero = Actor('hero')  # 导入玩家飞机图片
hero.x = WIDTH/2      # 设置玩家飞机的x坐标
hero.y = HEIGHT*2/3   # 设置玩家飞机的y坐标

enemy = Actor('enemy')  # 导入敌机图片
enemy.x = WIDTH/2       # 设置敌机的x坐标
enemy.y = 0             # 设置敌机的y坐标

score = 0    # 游戏得分

def draw():  # 绘制模块，每帧重复执行
    background1.draw()  # 绘制游戏背景1
```

```
    background2.draw()  # 绘制游戏背景2
    hero.draw()     # 绘制玩家飞机
    enemy.draw()    # 绘制敌机飞机
    bullet.draw()  # 绘制子弹
    # 下面显示得分
    screen.draw.text("得分: "+str(score), (200, HEIGHT-50), fontsize=30,
                     fontname='s', color='black')

def update():  # 更新模块，每帧重复操作
    global score
    # 以下代码用于实现背景图片的循环滚动效果
    if background1.y > 852/2 + 852:
        background1.y = -852/2  # 背景1移动到背景2的正上方
    if background2.y > 852/2 + 852:
        background2.y = -852/2  # 背景2移动到背景1的正上方
    background1.y += 1  # 背景1向下滚动
    background2.y += 1  # 背景2向下滚动

    if bullet.y > -HEIGHT:
        bullet.y = bullet.y - 10 # 子弹自动向上移动

    enemy.y += 3 # 敌机自动下落
    if enemy.y > HEIGHT: # 敌机落到画面底部
        enemy.y = 0 # 敌机从上面重新出现
        enemy.x = random.randint(50, WIDTH-50)  # 敌机水平位置随机

    if bullet.colliderect(enemy): # 子弹与敌机发生碰撞后
        enemy.y = 0 # 敌机从上面重新出现
        enemy.x = random.randint(0, WIDTH)  # 敌机水平位置随机
        score = score + 1 # 得分加1
        bullet.y = -HEIGHT  # 隐藏子弹

def on_mouse_move(pos, rel, buttons):  # 当鼠标移动时执行
    hero.x = pos[0]  # 玩家飞机的x坐标设为鼠标的x坐标
    hero.y = pos[1]  # 玩家飞机的y坐标设为鼠标的y坐标

def on_mouse_down(): # 当按下鼠标键时
    bullet.x = hero.x   # 把子弹位置设为玩家飞机的正上方
    bullet.y = hero.y - 70

pgzrun.go()  # 开始执行游戏
```

7.6 游戏失败的判定与处理

Python有一种bool（布尔）数据类型，其值只有True（真）和False（假）

两种，读者也可回顾2.7节的逻辑运算符的相关知识。

设定变量isLoose表示游戏是否失败，初始设为False：

```
isLoose = False # 游戏是否失败，初始不失败
```

当玩家飞机和敌机发生碰撞时，设定isLoose为True，表示游戏失败。同时把hero的图像设为玩家飞机爆炸图片，如图7-13所示。增加如下代码：

```
def update():  # 更新模块，每帧重复操作
    if hero.colliderect(enemy): # 玩家飞机和敌机发生碰撞
        isLoose = True  # 游戏失败
        hero.image = 'hero_blowup' # 更换玩家飞机的图片为爆炸图片
```

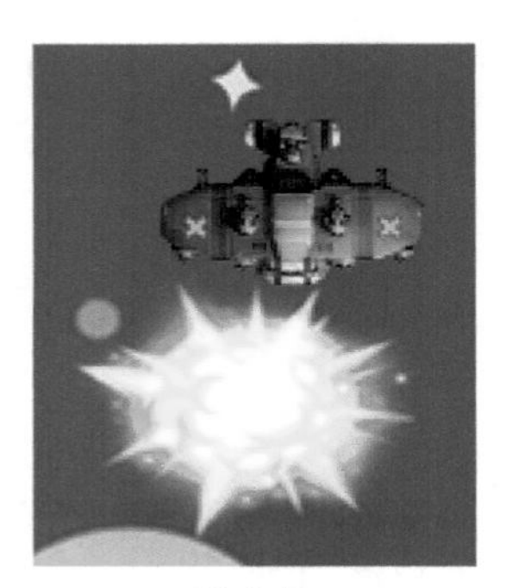

图 7-13

提示　在程序运行过程中更改图片效果，不仅可以应用于飞机爆炸这种显示效果的切换，也可以应用于角色行走、格斗等动画效果的播放，一般只需将几张图片效果循环显示即可。

当游戏失败后，我们需要停止敌机的移动、停止玩家飞机跟随鼠标移动、停止发射子弹等。在update函数中添加代码：

```
def update():  # 更新模块，每帧重复操作
    global score, isLoose
    if isLoose:
        return # 如果游戏失败，返回，不进行下面的操作
```

当isLoose为真时，就直接返回，不会执行之后对飞机、子弹等的处理和更新。

提示　函数内部的return是返回的意思，运行后也意味着当前函数停止运行。

练习 7-3

阅读以下代码，写出点击鼠标一次后，程序在控制台中输出的信息。

练习 *7-3.py*

```
import pgzrun
X = [1,2,3,4,5,6]
def on_mouse_down():
    for x in X:
        if (x%3==0):
            return
        print(x)
pgzrun.go()
```

同样，在on_mouse_move()、on_mouse_down()函数中也可以添加对应的两行语句：

```
    if isLoose:
        return # 如果游戏失败，返回，不进行下面的操作
```

另外，修改draw()函数，当游戏失败后，输出“游戏失败！”文字信息：

```
def draw():  # 绘制模块，每帧重复执行
    if isLoose: # 游戏失败后输出信息
        screen.draw.text("游戏失败！", (50, HEIGHT/2),
               fontsize=90,fontname='s', color='red')
```

运行后的效果如图7-14所示。

图 7-14

完整代码如下：

7-6-2.py

```
import pgzrun  # 导入游戏库
import random  # 导入随机库

WIDTH = 480    # 设置窗口的宽度
HEIGHT = 700   # 设置窗口的高度
TITLE = 'Python飞机大战'

background1 = Actor('background')  # 导入背景1图片
background1.x = 480/2  # 背景1的x坐标
background1.y = 852/2  # 背景1的y坐标
background2 = Actor('background')  # 导入背景2图片
background2.x = 480/2   # 背景2的x坐标
background2.y = -852/2  # 背景2的y坐标

bullet = Actor('bullet')  # 导入子弹图片
bullet.x = WIDTH/2        # 子弹的x坐标
bullet.y = -HEIGHT        # 子弹的y坐标，初始不可见

hero = Actor('hero')  # 导入玩家飞机图片
hero.x = WIDTH/2      # 设置玩家飞机的x坐标
hero.y = HEIGHT*2/3   # 设置玩家飞机的y坐标

enemy = Actor('enemy')  # 导入敌机图片
enemy.x = WIDTH/2       # 设置敌机的x坐标
enemy.y = 0             # 设置敌机的y坐标

score = 0     # 游戏得分

isLoose = False # 游戏是否失败，初始不失败

def draw():  # 绘制模块，每帧重复执行
    background1.draw()  # 绘制游戏背景
    background2.draw()  # 绘制游戏背景
    hero.draw()  # 绘制玩家飞机
    enemy.draw()  # 绘制敌机飞机
    bullet.draw()  # 绘制子弹
    # 下面显示得分
    screen.draw.text("得分: "+str(score), (200, HEIGHT-50),
            fontsize=30, fontname='s', color='black')
    if isLoose: # 游戏失败后输出信息
        screen.draw.text("游戏失败！", (50, HEIGHT/2),
                fontsize=90,fontname='s', color='red')
```

```
def update():  # 更新模块，每帧重复操作
    global score, isLoose
    if isLoose:
        return # 如果游戏失败，返回，不进行下面的操作

    # 以下代码用于实现背景图片的循环滚动效果
    if background1.y > 852/2 + 852:
        background1.y = -852/2  # 背景1移动到背景2的正上方
    if background2.y > 852/2 + 852:
        background2.y = -852/2  # 背景2移动到背景1的正上方
    background1.y += 1  # 背景1向下滚动
    background2.y += 1  # 背景2向下滚动

    if bullet.y > -HEIGHT:
        bullet.y = bullet.y - 10 # 子弹自动向上移动

    enemy.y += 3 # 敌机自动下落
    if enemy.y > HEIGHT: # 敌机落到画面底部
        enemy.y = 0 # 敌机从上面重新出现
        enemy.x = random.randint(50, WIDTH-50)  # 敌机水平位置随机

    if bullet.colliderect(enemy): # 子弹与敌机发生碰撞后
        enemy.y = 0 # 敌机从上面重新出现
        enemy.x = random.randint(0, WIDTH)  # 敌机水平位置随机
        score = score + 1 # 得分加1
        bullet.y = -HEIGHT  # 隐藏子弹

    if hero.colliderect(enemy): # 玩家飞机和敌机发生碰撞
        isLoose = True  # 游戏失败
        hero.image = 'hero_blowup' # 更换玩家飞机的图片为爆炸图片

def on_mouse_move(pos, rel, buttons):  # 当鼠标移动时执行
    if isLoose:
        return  # 如果游戏失败，返回，不进行下面的操作
    hero.x = pos[0]  # 玩家飞机的x坐标设为鼠标的x坐标
    hero.y = pos[1]  # 玩家飞机的y坐标设为鼠标的y坐标

def on_mouse_down(): # 当按下鼠标键时
    if isLoose:
        return  # 如果游戏失败，返回，不进行下面的操作
    bullet.x = hero.x   # 把子弹位置设为玩家飞机的正上方
    bullet.y = hero.y - 70

pgzrun.go()  # 开始执行游戏
```

7.7 添加音效

好的音效会为游戏增色不少，这一章我们使用了以下 4 个音效文件。

game_music. wav　　　　游戏背景音乐
gun. wav　　　　发射子弹音效
got_enemy. wav　　　　击中敌机音效
explode. wav　　　　玩家飞机爆炸音效

在 6.8 节中我们利用 music.play_once('jump') 来播放音效。然而 music 只能播放一个音效，不能同时播放背景音乐和其他音效。

为了解决这一问题，我们使用 sounds 方法。首先在代码所在目录下新建一个 sounds 文件夹，复制入上述 4 个音乐文件。程序开始时，执行下列语句播放背景音乐：

```
sounds.game_music.play()  # 播放背景音乐
```

其中 game_music 为音乐文件名，注意这里仅支持 wav、ogg 两种音乐文件格式。括号内可以写数字，表示播放音乐多少次：

```
sounds.game_music.play(5)  # 播放背景音乐5次
```

如果想要无限次循环播放背景音乐，那么可改为：

```
sounds.game_music.play(-1)  # 循环播放背景音乐
```

同样可以增加发射子弹音效：

```
def on_mouse_down(): # 当按下鼠标键时
    sounds.gun.play() # 播放发射子弹音效
```

也可以添加击中敌机、玩家飞机爆炸音效：

```
def update():  # 更新模块，每帧重复操作
    if bullet.colliderect(enemy): # 子弹与敌机发生碰撞后
        sounds.got_enemy.play()  # 播放击中敌机音效
    if hero.colliderect(enemy): # 玩家飞机和敌机发生碰撞
        sounds.explode.play()  # 播放玩家飞机爆炸音效
```

完整代码可参看 7-7.py。

7.8 小结

这一章我们制作了飞机大战游戏，了解了背景图片循环滚动、字符串拼接与中文显示、运行时更改图片效果、sounds 音效播放等功能，学习了复合

运算符、字符串拼接、布尔变量等知识。读者可以在本章代码的基础上继续改进：

1. 参考第6章中图片列表的方法，实现连续多颗子弹的发射；

2. 进一步实现多架敌机的同时出现；

3. 为玩家飞机添加生命值，每撞击一次生命值减1，得分每超过10分生命值加1；

4. 尝试实现横版的飞机游戏。

读者也可以根据本章的开发思路，尝试设计并分步骤制作坦克大战、赛车等小游戏。

第8章 勇闯地下一百层

本章我们将编写一个勇闯地下一百层的游戏，玩家用键盘控制游戏角色左右移动，跳到下方随机生成的砖块上，尝试坚持一百层，效果如图8-1所示。我们首先实现用键盘控制游戏角色移动；然后实现角色与砖块相对位置的判断，多个砖块的显示、上移与更新；最后实现失败的判断与显示、得分的计算与显示、行走动画效果。

本章案例的最终代码一共74行，代码参看“配套资源\第8章\8-7.py”，视频效果参看“配套资源\第8章\勇闯地下一百层.mp4”。

图 8-1

8.1 键盘控制游戏角色移动

在本书的配套电子资源中，找到“第8章\images”

文件夹，其中存放有本章需要的游戏素材图片，如图 8-2 所示。

图 8-2

首先导入角色图片 “alien.png”（图片宽 96px、高 92px），并输入代码绘制：

8-1-1.py

```
import pgzrun  # 导入游戏库
WIDTH = 600    # 设置窗口的宽度
HEIGHT = 800   # 设置窗口的高度

alien = Actor('alien')  # 导入角色图片
alien.x = WIDTH/2       # 设置角色的x坐标
alien.y = HEIGHT/2   # 设置角色的y坐标

def draw():    # 绘制模块，每帧重复执行
    screen.clear()  # 清空游戏画面
    alien.draw()  # 绘制角色

pgzrun.go()  # 开始执行游戏
```

运行后的效果如图 8-3 所示。

图 8-3

在update()函数中添加代码：

```
def update():  # 更新模块，每帧重复操作
    if keyboard.left: # 如果按下键盘向左方向键
        alien.x = alien.x - 2 # 角色左移2个坐标
```

代码表示当按下键盘向左方向键时，将alien的x坐标减2。运行程序，按下键盘向左方向键，发现角色向左移动了。

同样，添加下列代码，可以按键盘向右方向键控制角色向右移动：

```
    if keyboard.right:  # 如果按下键盘向右方向键
        alien.x = alien.x + 2  # 角色右移2个坐标
```

提示　以下为其他常见表示按键的代码。

keyboard.up	按下键盘向上方向键
keyboard.down	按下键盘向下方向键
keyboard.a	按下键盘上的 A 键
keyboard.space	按下键盘上的空格键
keyboard. k_0	按下主键盘上的数字 0 键
keyboard. kp1	按下小键盘区上的数字 1 键
keyboard.rshift	按下键盘上右边的 Shift 键

也可以设定变量playerSpeed表示玩家的移动速度，以便于代码的调整和理解，完整代码如下所示：

8-1-2.py

```
import pgzrun  # 导入游戏库
WIDTH = 600    # 设置窗口的宽度
HEIGHT = 800   # 设置窗口的高度
playerSpeed = 5 # 角色水平移动速度

alien = Actor('alien')  # 导入角色图片
alien.x = WIDTH/2       # 设置角色的x坐标
alien.y = HEIGHT/2   # 设置角色的y坐标

def draw():     # 绘制模块，每帧重复执行
    screen.clear()  # 清空游戏画面
    alien.draw()  # 绘制角色

def update():  # 更新模块，每帧重复操作
    if keyboard.left: # 如果按下键盘向左方向键
```

```
        alien.x = alien.x - playerSpeed  # 角色左移
    if keyboard.right:  # 如果按下键盘向右方向键
        alien.x = alien.x + playerSpeed  # 角色右移

pgzrun.go()  # 开始执行游戏
```

8.2 砖块图片的导入与绘制

我们可以进一步导入砖块图片，并设置其(x,y)坐标，输入代码进行显示：

```
brick = Actor('brick')  # 导入砖块图片
brick.pos = 300, 456    # 设置砖块的(x,y)坐标
def draw():     # 绘制模块，每帧重复执行
    brick.draw()  # 绘制砖块
```

这里我们使用一种新的方法来设定砖块的(x,y)坐标：brick.pos = 300, 456。完整代码参看8-2.py，显示效果如图8-4所示。

图 8-4

8.3 角色与砖块相对位置的判断

当游戏角色正好站在砖块上时，其可以左右移动；而当游戏角色下面没有砖块时，游戏角色将自动下落。

游戏开发库提供了一些变量来描述图片角色的对应坐标，如图8-5所示。

alien.top表示角色最高处的y坐标，alien.bottom表示角色最低处的y坐标；alien.left表示角色最左处的x坐标，alien.right表示角色最右处的x坐标。同样，brick.top表示砖块最高处的y坐标，brick.bottom表示砖块最低处的y坐标；brick.left表示砖块最左处的x坐标，brick.right表示砖块最右处的x坐标。

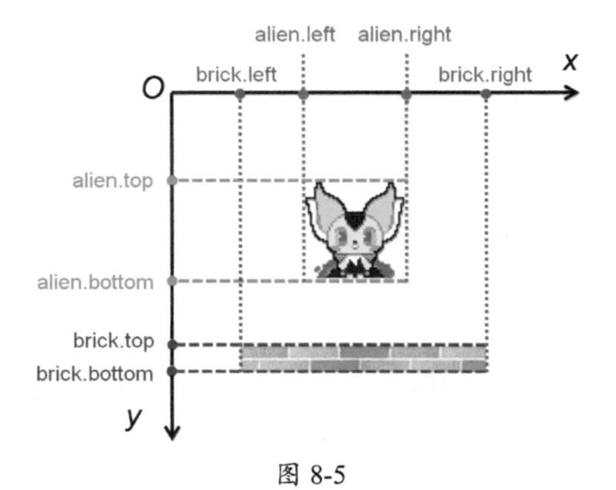

图 8-5

首先判断游戏角色的底部和砖块的顶部是否正好贴近，如认为角色最低处的y坐标alien.bottom和砖块最高处的y坐标brick.top足够接近时（相差在5之内），就认为角色正好站在砖块上。即满足：

```
abs(alien.bottom-brick.top) < 5:
```

其中abs为求绝对值函数，任何一个正数的绝对值是其自身，负数的绝对值是其自身乘以−1。

8-3-1.py

```
x = 2
y = -3
print(abs(x))
print(abs(y))
```

运行程序，输出如下结果。

练习 8-1

用户输入5个数字，可以是正数或负数，输出绝对值最大的一个数字，示例输入输出如下。

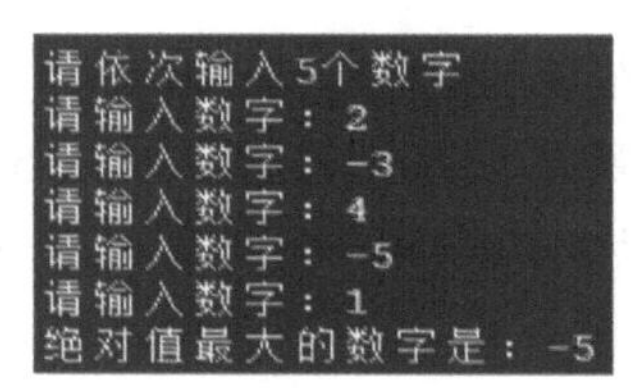

另外，还需要判断游戏角色是否在砖块的左右边界之内，如图8-6所示。

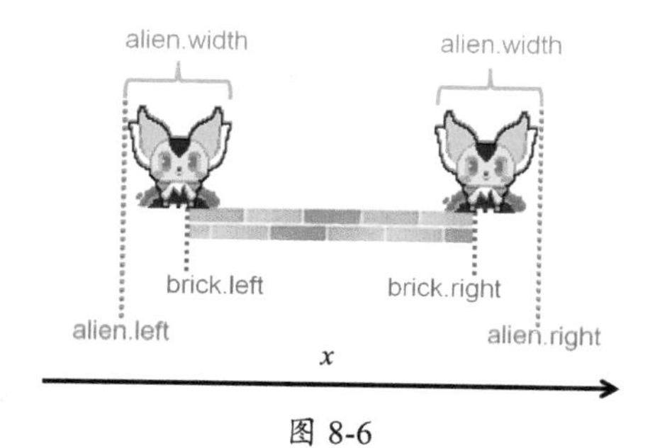

图 8-6

要求角色最左边的x坐标alien.left与砖块最左边的x坐标brick.left的距离不大于角色宽度alien.width的2/3，即满足：

```
brick.left - alien.left < alien.width*2/3
```

要求角色最右边的x坐标alien.right与砖块最右边的x坐标brick.right的距离不大于角色宽度alien.width的2/3，即满足：

```
alien.right - brick.right < alien.width*2/3
```

当以上条件不满足时，就让角色自动下落：

```
alien.y += 5  # 角色自动下落
```

完整代码如下所示：

8-3-2.py

```
import pgzrun  # 导入游戏库

WIDTH = 600    # 设置窗口的宽度
HEIGHT = 800   # 设置窗口的高度
playerSpeed = 5 # 角色水平移动速度

alien = Actor('alien')  # 导入角色图片
alien.x = WIDTH/2       # 设置角色的x坐标
alien.y = HEIGHT/2   # 设置角色的y坐标
brick = Actor('brick')  # 导入砖块图片
brick.pos = 300, 600    # 设置砖块的(x,y)坐标

def draw():    # 绘制模块，每帧重复执行
    screen.clear()  # 清空游戏画面
```

```
    alien.draw()  # 绘制角色
    brick.draw()  # 绘制砖块

def update():  # 更新模块，每帧重复操作
    # 角色正好站在砖块上面，在方块左右边界之间，可以左右移动
    if abs(alien.bottom-brick.top) < 5  \
        and brick.left - alien.left < alien.width*2/3 \
        and alien.right - brick.right < alien.width*2/3:
        if keyboard.left:  # 如果按下键盘向左方向键
            alien.x = alien.x - playerSpeed  # 角色左移
        if keyboard.right:  # 如果按下键盘向右方向键
            alien.x = alien.x + playerSpeed  # 角色右移
    else:  # 上述条件不满足
        alien.y += 5  # 角色自动下落

pgzrun.go()  # 开始执行游戏
```

8.4　多个砖块的实现

参考代码6-4.py中的实现方法，定义列表bricks存储多个砖块，并且添加5个砖块：

```
bricks = []  # 存储所有砖块的列表，初始为空
for i in range(5):
    brick = Actor('brick')  # 导入砖块图片
    brick.pos = 100*(i+1), 150*(i+1)  # 设置砖块的(x,y)坐标
    bricks.append(brick)  # 把当前砖块加入列表中
```

使用draw()函数绘制出列表中的每个砖块：

```
def draw():    # 绘制模块，每帧重复执行
    for brick in bricks:  # 绘制列表中的每个砖块
        brick.draw()  # 绘制砖块
```

完整代码参看8-4-1.py，实现效果如图8-7所示。

修改update()函数中角色与砖块相对位置的判断代码，首先设定布尔变量isPlayerOnGround = False，表示角色开始没有站在砖块上。遍历列表bricks中的所有砖块，如果满足8.3节中描述的要求，就让isPlayerOnGround = True，表示角色站在砖块上了。如果对所有砖块判断后，isPlayerOnGround的值还是False，表示角色不在任何一块砖上，则角色继续下落。

图 8-7

补充代码如下：

8-4-2.py

```
# 其他部分代码同8-4-1.py
def update():  # 更新模块，每帧重复操作
    isPlayerOnGround = False  # 假设角色没有站在砖块上
    for brick in bricks: # 对列表中所有砖块遍历
        # 角色正好站在砖块上面，在方块左右边界之间，可以左右移动
        if abs(alien.bottom-brick.top) < 5  \
            and brick.left - alien.left < alien.width*2/3 \
            and alien.right - brick.right < alien.width*2/3:
            isPlayerOnGround = True  # 角色在一块砖上
            if keyboard.left:  # 如果按下键盘向左方向键
                alien.x = alien.x - playerSpeed  # 角色左移
            if keyboard.right:  # 如果按下键盘向右方向键
                alien.x = alien.x + playerSpeed  # 角色右移
    if not isPlayerOnGround:
        alien.y += 5  # 角色不在任何一块砖上，就下落
```

8.5 砖块的上移与更新

要实现砖块的缓慢上移，可以在update()函数中添加代码，将所有砖块的

y坐标减1：

```
for birck in bricks: # 所有砖块缓慢上移
    birck.y -= 1
```

当角色站在砖块上时，让角色跟着砖块一直向上移动：

```
isPlayerOnGround = True  # 角色在一块砖上
alien.bottom = brick.top  # 角色跟着砖块一直向上移动
```

完整代码参看8-5-1.py，实现效果如图8-8所示。

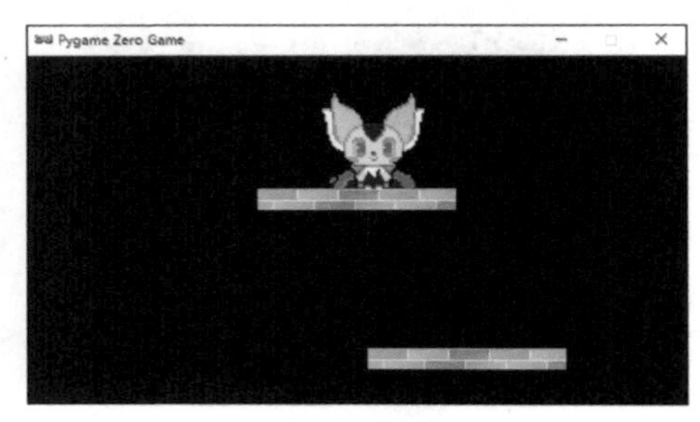

图 8-8

当最上一块砖块到达画面顶部时，删除该砖块，再从最底部添加一个新的砖块，在update()函数中添加如下代码：

```
if bricks[0].top < 10: # 最上面的一个砖块达到画面顶部时
    del bricks[0]  # 删除最上面的砖块
    brick = Actor('brick') # 新增一个砖块
    brick.x = random.randint(100, 500) # 水平位置随机
    brick.y = HEIGHT # 从最底部出现
    bricks.append(brick) # 将新砖块添加到列表中
```

其中del bricks[0]表示删除列表bricks的0号元素，bricks.append(brick)表示把元素brick添加到列表中。完整代码如下：

8-5-2.py

```
import pgzrun  # 导入游戏库
import random  # 导入随机库

WIDTH = 600    # 设置窗口的宽度
HEIGHT = 800   # 设置窗口的高度
playerSpeed = 5 # 角色水平移动速度

alien = Actor('alien')  # 导入角色图片
alien.x = WIDTH/2       # 设置角色的x坐标
```

```
alien.y = HEIGHT/5      # 设置角色的y坐标

bricks = []  # 存储所有砖块的列表，初始为空
for i in range(5):
    brick = Actor('brick')  # 导入砖块图片
    brick.pos = 100*(i+1), 150*(i+1)    # 设置砖块的(x,y)坐标
    bricks.append(brick)  # 把当前砖块加入列表中

def draw():     # 绘制模块，每帧重复执行
    screen.clear()  # 清空游戏画面
    alien.draw()  # 绘制角色
    for brick in bricks:  # 绘制列表中的每个砖块
        brick.draw()  # 绘制砖块

def update():  # 更新模块，每帧重复操作
    isPlayerOnGround = False  # 假设角色没有站在砖块上
    for brick in bricks: # 对列表中的所有砖块遍历
        # 角色正好站在砖块上面，在方块左右边界之间，可以左右移动
        if abs(alien.bottom-brick.top) < 5  \
            and brick.left - alien.left < alien.width*2/3 \
            and alien.right - brick.right < alien.width*2/3:

            isPlayerOnGround = True  # 角色在一块砖上
            alien.bottom = brick.top  # 角色跟着砖块一直向上移动

            if keyboard.left:  # 如果按下键盘向左方向键
                alien.x = alien.x - playerSpeed  # 角色左移
            if keyboard.right:  # 如果按下键盘向右方向键
                alien.x = alien.x + playerSpeed  # 角色右移

    if not isPlayerOnGround:
        alien.y += 5  # 角色不在任何一块砖上，就下落

    for birck in bricks: # 所有砖块缓慢上移
        birck.y -= 1

    if bricks[0].top < 10: # 最上面的一个砖块达到画面顶部时
        del bricks[0]  # 删除最上面的砖块
        brick = Actor('brick') # 新增一个砖块
        brick.x = random.randint(100, 500) # 水平位置随机
        brick.y = HEIGHT # 从最底部出现
        bricks.append(brick) # 将新砖块添加到列表中

pgzrun.go()  # 开始执行游戏
```

练习 8-2

写出下面程序运行的结果。

练习 8-2.py

```
X = []
for i in range(1,11):
    X.append(i)
print(X)
for i in range(9,0,-2):
    del X[i]
print(X)
```

8.6　失败的判断与显示

首先，根据角色的上下位置判断：如果角色顶部超出画面上边界，或者角色底部超出画面下边界，就认为游戏失败。相关代码如下：

```
# 角色超出上下范围，游戏失败
if alien.top < 0 or alien.bottom > HEIGHT:
    isLoose = True
```

参考 7-5-2.py 中得分显示的代码，如果游戏失败，则输出相关信息：

```
def draw():   # 绘制模块，每帧重复执行
    if isLoose:  # 如果游戏失败，则输出相关信息
        screen.draw.text("游戏失败！", (80, HEIGHT/2-100),
             fontsize=100, fontname='s', color='red')
```

另外，设定变量 playerSpeed 为角色左右移动速度，brickSpeed 为砖块自动上移速度。当游戏失败时，就将这两个变量设为 0：

```
# 角色超出上下范围，游戏失败
if alien.top < 0 or alien.bottom > HEIGHT:
    playerSpeed = 0  # 将角色水平移动速度设为0
    brickSpeed = 0   # 将砖块自动上移速度设为0
    isLoose = True   # 游戏失败
```

完整代码参看 8-6.py，实现效果如图 8-9 所示。

图 8-9

8.7 得分的计算与显示

参考7.5节，增加得分变量与信息显示：

```
score = 0      # 游戏得分
def draw():    # 绘制模块，每帧重复执行
    screen.draw.text("你已坚持了 "+str(score)+"层！", (400, 20), fontsize=25,
        fontname='s', color='white')
```

当角色从空中落到砖块上时，得分加1。首先定义变量lastAlienY记录角色上一帧的y坐标：

```
lastAlienY = alien.y  # 记录角色上一帧的y坐标
```

在update()函数中，判断角色站在砖块上后，进一步判断其是否刚从空中落到了砖块上，添加代码：

```
if lastAlienY < alien.y:
    score += 1  # 之前还不在砖上，表示现在刚落到砖上，分数+1
```

对所有砖块遍历后，更新lastAlienY的值：

```
lastAlienY = alien.y  # 对所有砖块遍历后，更新lastAlienY的值
```

最后，为了增加游戏趣味性，当角色在空中时，设定图片为alien_falling，

效果如图8-10所示。添加代码：

```
if not isPlayerOnGround:
    alien.image = 'alien_falling'  # 设为在空中的角色图片
```

当判断角色站在砖块上时，设定图片为alien：

```
alien.image = 'alien'  # 设为在砖块上站立的角色图片
```

图 8-10

完整代码如下所示：

8-7.py

```
import pgzrun  # 导入游戏库
import random  # 导入随机库

WIDTH = 600    # 设置窗口的宽度
HEIGHT = 800   # 设置窗口的高度
playerSpeed = 5  # 角色水平移动速度
brickSpeed = 2   # 砖块自动上移速度
isLoose = False  # 游戏是否失败
score = 0      # 游戏得分

alien = Actor('alien')  # 导入角色图片
alien.x = WIDTH/2       # 设置角色的x坐标
alien.y = HEIGHT/5      # 设置角色的y坐标
lastAlienY = alien.y  # 记录角色上一帧的y坐标

bricks = []  # 存储所有砖块的列表，初始为空
```

```
for i in range(5):
    brick = Actor('brick')  # 导入砖块图片
    brick.pos = 100*(i+1), 150*(i+1)    # 设置砖块的(x,y)坐标
    bricks.append(brick)  # 把当前砖块加入列表中

def draw():    # 绘制模块，每帧重复执行
    screen.clear()  # 清空游戏画面
    alien.draw()  # 绘制角色
    for brick in bricks:  # 绘制列表中的每个砖块
        brick.draw()  # 绘制砖块
    screen.draw.text("你已坚持了 "+str(score)+"层！ ", (400, 20), fontsize=25,
                     fontname='s', color='white')
    if isLoose:  # 如果游戏失败，则输出相关信息
        screen.draw.text("游戏失败！ ", (80, HEIGHT/2-100),
              fontsize=100, fontname='s', color='red')

def update():  # 更新模块，每帧重复操作
    global isLoose, playerSpeed, brickSpeed, score, lastAlienY

    isPlayerOnGround = False  # 假设角色没有站在砖块上
    for brick in bricks: # 对列表中所有砖块遍历
        # 角色正好站在砖块上面，在方块左右边界之间，可以左右移动
        if abs(alien.bottom-brick.top) < 5  \
            and brick.left - alien.left < alien.width*2/3 \
            and alien.right - brick.right < alien.width*2/3:
            alien.image = 'alien' # 设为在砖块上站立的角色图片
            isPlayerOnGround = True  # 角色在一块砖上
            alien.bottom = brick.top  # 角色跟着砖块一直向上移动
            if lastAlienY < alien.y: # 之前还不在砖上
                score += 1  #现在刚落到砖上，分数+1

            if keyboard.left:  # 如果按下键盘向左方向键
                alien.x = alien.x - playerSpeed  # 玩家左移
            if keyboard.right:  # 如果按下键盘向右方向键
                alien.x = alien.x + playerSpeed  # 玩家右移

    lastAlienY = alien.y  # 对所有砖块遍历后，更新lastAlienY的值

    if not isPlayerOnGround:
        alien.image = 'alien_falling'  # 设为在空中的角色图片
        alien.y += 5  # 角色不在任何一块砖上，就下落

    for birck in bricks: # 所有砖块缓慢上移
        birck.y -= brickSpeed

    if bricks[0].top < 10: # 最上面的一个砖块达到画面顶部时
```

```
        del bricks[0]  # 删除最上面的砖块
        brick = Actor('brick') # 新增一个砖块
        brick.x = random.randint(100, 500) # 水平位置随机
        brick.y = HEIGHT # 从最底部出现
        bricks.append(brick) # 将新砖块添加到列表中

# 角色超出上下范围，游戏失败
    if alien.top < 0 or alien.bottom > HEIGHT:
        playerSpeed = 0  # 将角色水平移动速度设为0
        brickSpeed = 0   # 将砖块自动上移速度设为0
        isLoose = True   # 游戏失败

pgzrun.go()  # 开始执行游戏
```

8.8　行走动画的实现

上一节实现了游戏角色在空中、在砖块上两种状态时不同图片的切换，本节将尝试利用角色向右行走的分解动作图片，如图8-11所示，实现行走动画的效果。

1.png　2.png

3.png

4.png

5.png

图 8-11

首先，把这5张动作分解图片保存在列表Anims中：

```
Anims = [Actor('1'), Actor('2'), Actor('3'),
         Actor('4'), Actor('5')]
```

定义变量numAnims为分解动作图片的张数，animIndex为当前需要显示的分解动作图片的序号：

```
numAnims = len(Anims)  # 分解动作图片的张数
animIndex = 0  # 表示需要显示的动作图片的序号
```

定义变量player_x、player_y存储角色的x、y坐标，并对列表Anims中的所有图片对象设置x、y坐标：

```
player_x = WIDTH/2  # 设置角色的x坐标
player_y = HEIGHT/2   # 设置角色的y坐标
for i in range(numAnims):
```

```
    Anims[i].x = player_x  # 设置所有分解动作图片的x坐标
    Anims[i].y = player_y  # 设置所有分解动作图片的y坐标
```

在draw()函数中，绘制当前序号的分解动作图片：

```
def draw():    # 绘制模块，每帧重复执行
    screen.fill('gray')  # 灰色背景
    Anims[animIndex].draw()  # 绘制角色当前分解动作图片
```

update()函数中，每帧增加animIndex的值，超出范围后将其重新设为0：

```
def update():  # 更新模块，每帧重复操作
    global animIndex
    animIndex += 1  # 每一帧分解动作图片序号加1
    if animIndex >= numAnims:  # 放完最后一个分解动作图片了
        animIndex = 0  # 再变成第1张分解动作图片
```

这样就实现了一个行走动画的循环播放，效果如图8-12所示，完整代码参考8-8-1.py。

图 8-12

进一步，设置当按下键盘向右方向键时，角色向右移动，并播放行走动画：

8-8-2.py

```
# 其他部分代码同8-8-1.py
def update():  # 更新模块，每帧重复操作
    global animIndex,player_x
    if keyboard.right:  # 如果按下键盘向右方向键
        player_x += 5  # 角色向右移动
        for i in range(numAnims):  # 所有分解动作图片更新x坐标
            Anims[i].x = player_x
        if (player_x >= WIDTH):  # 角色走到最右边
            player_x = 0  # 再从最左边出现
        animIndex += 1  # 每一帧分解动作图片序号加1
        if animIndex >= numAnims:  # 放完最后一个分解动作图片了
            animIndex = 0  # 再变成第1张分解动作图片
```

上述代码的行走动画速度偏快，针对这一问题，我们可以设定变量animSpeed。animSpeed初始值为0，按下键盘向右方向键时加1，每隔5次再让动作分解图片变化，即可让将动作动画速度降低到之前的1/5：

8-8-3.py

```
import pgzrun    # 导入游戏库
WIDTH = 1200     # 设置窗口的宽度
HEIGHT = 600     # 设置窗口的高度

# 导入所有的分解动作图片，存储在列表当中
Anims = [Actor('1'), Actor('2'), Actor('3'),
        Actor('4'), Actor('5')]
numAnims = len(Anims)  # 分解动作图片的张数
animIndex = 0  # 表示需要显示的动作图片的序号
animSpeed = 0 # 用于控制行走动画速度

player_x = WIDTH/2  # 设置角色的x坐标
player_y = HEIGHT/2   # 设置角色的y坐标
for i in range(numAnims):
    Anims[i].x = player_x  # 设置所有分解动作图片的x坐标
    Anims[i].y = player_y  # 设置所有分解动作图片的y坐标

def draw():     # 绘制模块，每帧重复执行
    screen.fill('gray')  # 灰色背景
    Anims[animIndex].draw()  # 绘制角色当前分解动作图片

def update(): # 更新模块，每帧重复操作
    global animIndex, player_x, animSpeed
    if keyboard.right:  # 如果按下键盘向右方向键
        player_x += 5  # 角色向右移动
        for i in range(numAnims):  # 所有分解动作图片更新x坐标
            Anims[i].x = player_x
        if (player_x >= WIDTH):  # 角色走到最右边
            player_x = 0  # 再从最左边出现
        animSpeed += 1 # 用于控制动作动画速度
        if animSpeed % 5 == 0:  # 动作动画速度是移动速度的1/5
            animIndex += 1  # 每一帧分解动作图片序号加1
            if animIndex >= numAnims:  # 放完最后一个分解动作图片了
                animIndex = 0  # 再变成第1张分解动作图片

pgzrun.go()  # 开始执行游戏
```

运行后的效果如图8-13所示。

图 8-13

8.9 小结

这一章我们主要制作了“勇闯地下一百层”游戏，了解了利用键盘控制角色移动、图片的相对位置判断、列表图片的循环删除与生成、行走动画等功能，学习了绝对值函数、列表元素的删除等知识。读者可以尝试在本章代码的基础上继续改进：

1. 为游戏添加得分、空中下落、游戏失败时的各种音效；
2. 实现得分越来越高、游戏速度越来越快的效果；
3. 增加一些特效，如角色站在不同砖块上会自动向左或向右滑动；
4. 增加一些敌人，角色在下落的同时需要躲避敌人。

读者也可以参考本章的开发思路，尝试设计并分步骤制作超级玛丽、魂斗罗等小游戏。

第9章 贪吃蛇

本章我们将编写一个贪吃蛇的游戏，效果如图9-1所示。键盘控制小蛇上、下、左、右移动，吃到食物后长度加1；蛇头碰到自身或窗口边缘，游戏失败。我们首先构造小蛇，实现小蛇向4个方向移动；然后实现游戏失败的判断、吃食物增加长度、得分功能；最后学习函数的定义与使用，并进行时间控制的改进。

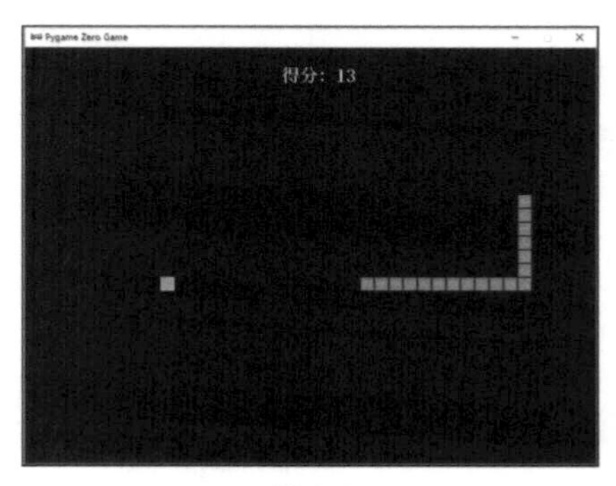

图 9-1

本章案例的最终代码一共97行，代码参看“配套资源\第9章\9-10-2.py”，视频效果参看“配套资源\第9章\贪吃蛇.mp4”。

9.1 蛇的构造与显示

在本书的配套电子资源中，找到“第9章\images”文件夹，里面有5个小方块图片，均为宽20px、高20px。其中“cookie.jpg”表示蛇要吃的饼干，其他4个小方块图片用来构建各种颜色的小蛇，如图9-2所示。

图 9-2

利用之前章节所学知识，我们首先构造一条颜色为红色、总长度为5个小方块的小蛇，如图9-3所示。

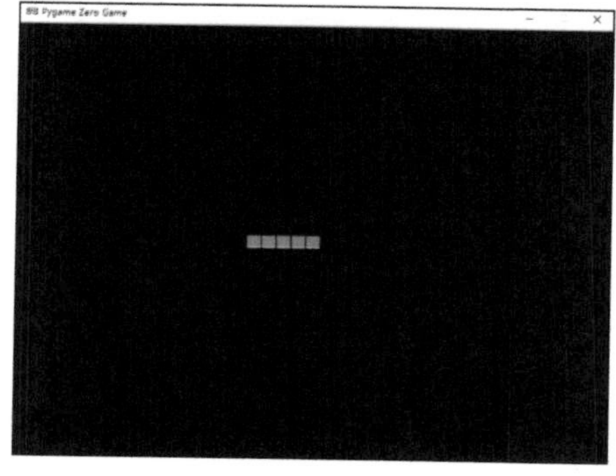

图 9-3

完整代码如下所示：

9-1.py

```
import pgzrun  # 导入游戏库

TILE_SIZE = 20   # 小蛇方块的大小，20×20
WIDTH = 40*TILE_SIZE   # 设置窗口的宽度为800
HEIGHT = 30*TILE_SIZE   # 设置窗口的高度为600

snakeHead = Actor('snake1')  # 导入蛇头方块图片
snakeHead.x = WIDTH/2    # 蛇头方块图片的x坐标
snakeHead.y = HEIGHT/2   # 蛇头方块图片的y坐标

Snake = []  # 存储蛇的列表
```

```
Snake.append(snakeHead) # 把蛇头加入列表中

for i in range(4): # 再为蛇添加4段蛇身
    snakebody = Actor('snake1')  # 导入蛇身方块图片
    snakebody.x = Snake[i].x - TILE_SIZE  # 蛇身方块图片的x坐标
    snakebody.y = Snake[i].y  # 蛇身方块图片的y坐标
    Snake.append(snakebody)   # 把蛇身加入列表中

def draw():  # 绘制模块，每帧重复执行
    screen.clear()  # 每帧清除屏幕，便于重新绘制
    for snakebody in Snake:  # 绘制蛇
        snakebody.draw()

pgzrun.go()  # 开始执行游戏
```

其中列表Snake存储了完整的小蛇信息，首先构造蛇头snakeHead存储到Snake中，然后再添加4个蛇身方块snakebody，即构造了一条长度为5个小方块的小蛇。

9.2　小蛇向右移动

列表Snake中存储了小蛇所有方块图片的信息，由代码9-1.py中添加到列表的顺序可知，列表0号元素Snake[0]存储的是蛇头的信息，如图9-4所示。

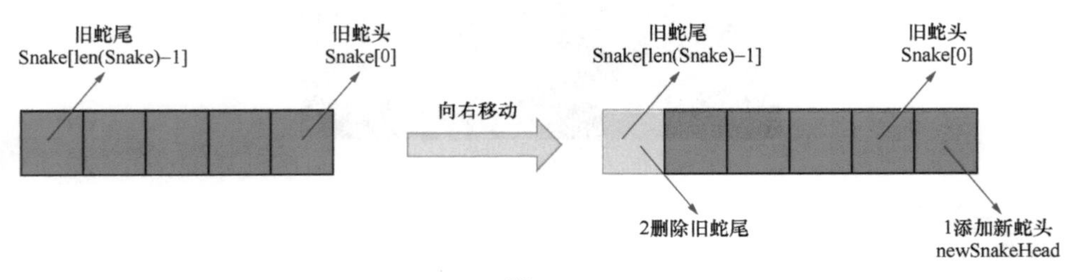

图 9-4

4.2节中学习的len()函数可以得到列表的长度，即列表的元素数量。目前len(Snake) = 5，Snake[4]存储了最后一个添加到列表中的方块图片，也就是蛇尾的信息。

为了能在update()函数中让小蛇自动向右移动，首先要在旧蛇头的右边添加一个新蛇头newSnakeHead，应用Snake.insert(0, newSnakeHead)函数将新蛇头添加到列表的0号元素的位置。这时蛇的长度增加了1，再应用del Snake[len(Snake)-1]命令把之前旧蛇尾删除，即实现了小蛇逐步向右移动。

添加代码：

9-2-1.py

```
# 其他部分代码同9-1.py
def update():  # 更新模块，每帧重复操作
    newSnakeHead = Actor('snake1') # 创建新蛇头的图片
    # 设定新蛇头的坐标，小蛇向右移动，在旧蛇头的右边
    newSnakeHead.x = Snake[0].x + TILE_SIZE
    newSnakeHead.y = Snake[0].y
    Snake.insert(0, newSnakeHead) # 把新蛇头加到列表的最前面
    del Snake[len(Snake)-1] # 删除旧蛇尾
```

insert()函数可以将新元素插入列表中的任何位置，其中第1个参数表示新元素插入后的元素下标：

9-2-2.py

```
X = ['a','c','e']
print(X)
X.insert(1, 'b')
print(X)
X.insert(3, 'd')
print(X)
```

运行后输出如下结果。

```
['a', 'c', 'e']
['a', 'b', 'c', 'e']
['a', 'b', 'c', 'd', 'e']
```

练习9-1

假设列表X = [1,3,4,8,10]，元素按从小到大排列。用户任意输入一个数字，将输入数字插入列表X中，使得新列表元素仍然从小到大排列。4组示例输入输出如下。

```
请输入数字：0
插入后的列表为： [0, 1, 3, 4, 8, 10]
```

```
请输入数字：5
插入后的列表为： [1, 3, 4, 5, 8, 10]
```

```
请输入数字：8
插入后的列表为： [1, 3, 4, 8, 8, 10]
```

```
请输入数字：15
插入后的列表为： [1, 3, 4, 8, 10, 15]
```

将代码9-2-1.py运行后小蛇会向右移动，但目前移动速度过快。为了解决这一问题，可以导入时间库：

```
import time  # 导入时间库
```

在update()函数末尾添加一行代码：

```
time.sleep(0.2) # 暂停0.2秒
```

update()函数每运行一次会暂停0.2s，这样小蛇移动的速度就慢了很多，完整代码可参考9-2-3.py。

9.3　小蛇向 4 个方向移动

同理可以实现小蛇向上、下、左、右4个方向的移动。如小蛇向下移动，只需把新蛇头newSnakeHead的坐标设在旧蛇头Snake[0]的下方即可，如图9-5所示。

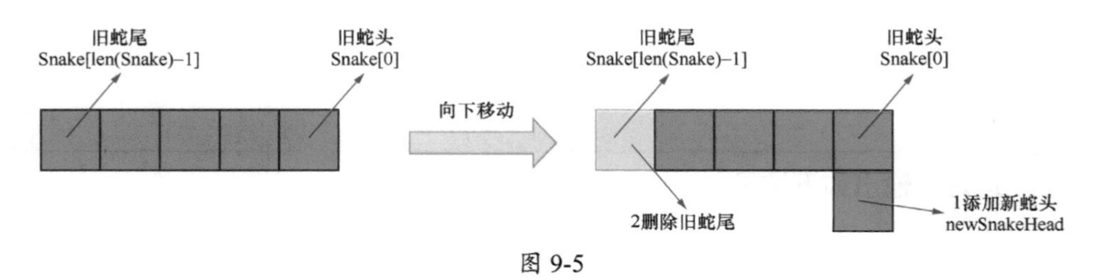

图 9-5

添加代码如下：

9-3-1.py

```
# 其他部分代码同9-2-3.py
def update():  # 更新模块，每帧重复操作
    newSnakeHead = Actor('snake1') # 创建新蛇头的图片
    # 设定新蛇头的坐标，小蛇向下移动，在旧蛇头的下边
    newSnakeHead.x = Snake[0].x
    newSnakeHead.y = Snake[0].y + TILE_SIZE
    Snake.insert(0, newSnakeHead)  # 把新蛇头加到列表的最前面
    del Snake[len(Snake)-1] # 删除旧蛇尾
    time.sleep(0.2) # 暂停0.2s
```

进一步，我们可以设定字符串变量direction表示小蛇运动方向，其值取'right'向右运动、'left'向左运动、'up'向上运动、'down'向下运动。完整代码如下，只需修改direction的值，即可控制小蛇向不同的方向移动：

9-3-2.py

```
import pgzrun  # 导入游戏库
import time  # 导入时间库

TILE_SIZE = 20  # 小蛇方块的大小，20×20
WIDTH = 40*TILE_SIZE  # 设置窗口的宽度为800
HEIGHT = 30*TILE_SIZE  # 设置窗口的高度为600

snakeHead = Actor('snake1')  # 导入蛇头方块图片
snakeHead.x = WIDTH/2   # 蛇头方块图片的x坐标
snakeHead.y = HEIGHT/2  # 蛇头方块图片的y坐标

Snake = []  # 存储蛇的列表
Snake.append(snakeHead)  # 把蛇头加入列表中

direction = 'up'  # 控制小蛇运动方向

for i in range(4):  # 再为蛇添加4段蛇身
    snakebody = Actor('snake1')  # 导入蛇身方块图片
    snakebody.x = Snake[i].x - TILE_SIZE  # 蛇身方块图片的x坐标
    snakebody.y = Snake[i].y  # 蛇身方块图片的y坐标
    Snake.append(snakebody)   # 把蛇身加入列表中

def draw():  # 绘制模块，每帧重复执行
    screen.clear()  # 每帧清除屏幕，便于重新绘制
    for snakebody in Snake:  # 绘制蛇
        snakebody.draw()

def update():  # 更新模块，每帧重复操作
    newSnakeHead = Actor('snake1')  # 创建新蛇头的图片

    # 根据direction变量设定新蛇头的坐标
    # 如小蛇向下移动，就在旧蛇头的下边
    newSnakeHead = Actor('snake1')
    if direction == 'right':  # 小蛇向右移动
        newSnakeHead.x = Snake[0].x + TILE_SIZE
        newSnakeHead.y = Snake[0].y
    if direction == 'left':  # 小蛇向左移动
        newSnakeHead.x = Snake[0].x - TILE_SIZE
        newSnakeHead.y = Snake[0].y
    if direction == 'up':  # 小蛇向上移动
        newSnakeHead.x = Snake[0].x
        newSnakeHead.y = Snake[0].y - TILE_SIZE
    if direction == 'down':  # 小蛇向下移动
        newSnakeHead.x = Snake[0].x
```

```
        newSnakeHead.y = Snake[0].y + TILE_SIZE

    Snake.insert(0, newSnakeHead)  # 把新蛇头加到列表的最前面
    del Snake[len(Snake)-1]  # 删除旧蛇尾
    time.sleep(0.2)  # 暂停0.2s

pgzrun.go()  # 开始执行游戏
```

9.4　玩家控制小蛇移动

参考代码8-1-1.py，在update()函数中实现用户按上、下、左、右方向键，设定direction变量取不同的值，即可实现玩家键盘控制小蛇向4个方向移动：

9-4.py

```
# 其他部分代码同9-3-2.py
def update():  # 更新模块，每帧重复操作
    global direction
    if keyboard.left:  # 如果按下键盘向左方向键
        direction = 'left'  # 小蛇要向左移
    if keyboard.right:  # 如果按下键盘向右方向键
        direction = 'right'  # 小蛇要向右移
    if keyboard.up:  # 如果按下键盘向上方向键
        direction = 'up'  # 小蛇要向上移
    if keyboard.down:  # 如果按下键盘向下方向键
        direction = 'down'  # 小蛇要向下移
```

9.5　游戏失败的判断

设置变量isLoose表示游戏是否失败，首先将其初始化为False：

```
isLoose = False # 游戏是否失败
```

当小蛇碰到画面边界时，我们认为游戏失败。由于每次只有蛇头是新生成的位置，所以在update()函数中只需判断蛇头是否越过边界即可：

```
# 当小蛇（新蛇头）超出边框时，游戏失败
if newSnakeHead.y < 0 or newSnakeHead.y > HEIGHT \
   or newSnakeHead.x < 0 or newSnakeHead.x > WIDTH:
   isLoose = True
```

在draw()函数中添加游戏失败的显示信息：

```
def draw():  # 绘制模块，每帧重复执行
    if isLoose: # 显示游戏失败信息
```

```
    screen.draw.text("游戏失败！", (180, HEIGHT/2-100),
            fontsize=100, fontname='s', color='blue')
```

效果如图9-6所示。

图 9-6

另外，当蛇头与蛇自身发生碰撞时，我们也认为游戏失败：

```
# 当小蛇蛇头碰到自身时，游戏失败
for snakebody in Snake: # 对所有蛇身循环，判断是否和蛇头坐标一致
    if newSnakeHead.x == snakebody.x and newSnakeHead.y == snakebody.y:
        isLoose = True
        break
```

在循环语句中执行break，表示跳出当前循环。上面语句表示只要蛇头和一个蛇身坐标相同，就不需要再判断了，即可结束当前循环。完整代码参看9-5-1.py。

输入并运行以下代码：

9-5-2.py

```
for i in range(5):
    if i==3:
        break
    print(i)
```

输出如下结果。

表示当i等于3时，运行break语句，跳出for循环，因此仅输出0、1、2这3个数字。

还有一个continue语句，表示跳过当次循环，循环语句继续运行。输入并运行以下代码：

9-5-3.py

```
for i in range(5):
    if i==3:
        continue
    print(i)
```

输出如下结果。

表示当i等于3时，运行continue语句，跳过当次for循环，继续运行下一次循环，因此输出0、1、2、4这4个数字。

练习 9-2

连续输入不多于100个数字，当输入数字为正数时，求出所有数字的和；当输入数字是负数时，输出结果，程序结束。示例输入/输出如下。

```
请输入数字，输入负数结束：1.1
请输入数字，输入负数结束：2.3
请输入数字，输入负数结束：3.5
请输入数字，输入负数结束：-1
输入正数的和为： 6.9
```

练习 9-3

写出下面程序运行的结果。

练习 *9-3.py*

```
for i in range(1,11):
    if (i%2==1):
        continue
    print(i)
```

9.6　食物的随机出现

导入食物方块图片，并设置其x、y坐标为随机值，在draw()函数中进行显示：

9-6.py

```
# 其他部分代码同9-5-1.py
import random # 导入随机库
cookie = Actor('cookie')  # 导入食物方块图片
cookie.x = random.randint(10, 30)*TILE_SIZE  #食物方块图片的x坐标
cookie.y = random.randint(10, 30)*TILE_SIZE  #食物方块图片的y坐标
def draw():  # 绘制模块，每帧重复执行
    cookie.draw() # 食物的绘制
```

效果如图9-7所示。

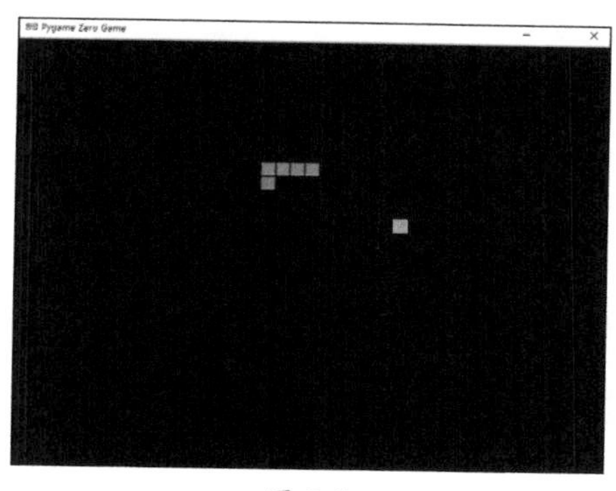

图 9-7

9.7 吃食物增加长度

当小蛇没有吃到食物，单纯向下移动时，为了保持小蛇长度，需要删除掉旧蛇尾，如图9-8所示。

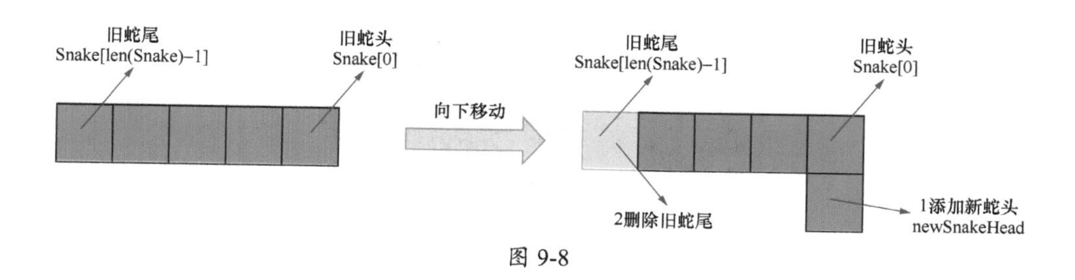

图 9-8

而当小蛇小蛇向下移动碰到食物时，小蛇长度加1，则不删除旧蛇尾，如图9-9所示。

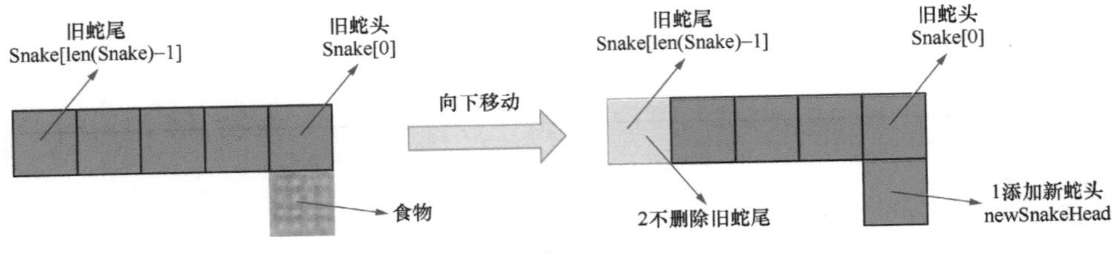

图 9-9

在 update() 函数中更新如下代码，完整代码可参看 9-7.py：

```
def update():  # 更新模块，每帧重复操作
    # 当小蛇头碰到食物时，不处理，也就是长度+1；饼干重新在随机位置出现；
    if newSnakeHead.x == cookie.x and newSnakeHead.y == cookie.y:
        cookie.x = random.randint(5, 35)*TILE_SIZE
        cookie.y = random.randint(5, 25)*TILE_SIZE
    else:  # 否则，删除掉旧蛇尾，也就是蛇的长度保持不变
        del Snake[len(Snake)-1]
    Snake.insert(0, newSnakeHead)  # 把新蛇头加到列表的最前面
    time.sleep(0.2)  # 暂停0.2s
```

9.8　得分的记录与显示

参考代码 8-7.py，增加代码进行得分的记录与显示：

```
score = 0 # 游戏得分
def draw():  # 绘制模块，每帧重复执行
    screen.draw.text("得分："+str(score), (360, 20), fontsize=25,
                    fontname='s', color='white')
def update():  # 更新模块，每帧重复操作
    global direction,isLoose,score
    # 当小蛇头碰到食物时，不处理，也就是长度+1；饼干重新在随机位置出现；
    if newSnakeHead.x == cookie.x and newSnakeHead.y == cookie.y:
        score = score + 1  # 得分加1
```

效果如图 9-10 所示。

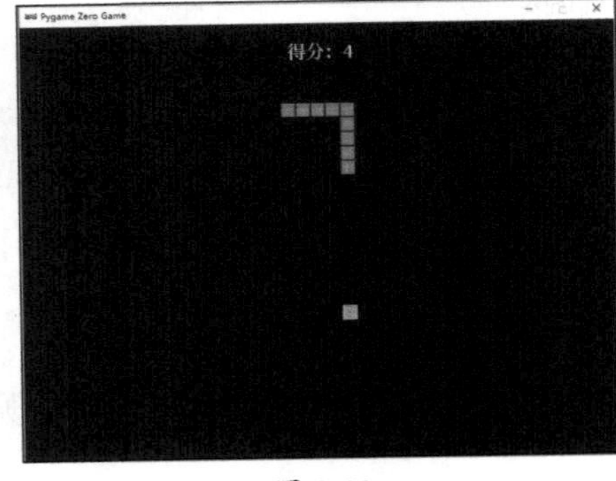

图 9-10

完整代码如下：

9-8.py

```
import pgzrun  # 导入游戏库
import time  # 导入时间库
import random # 导入随机库

TILE_SIZE = 20  # 小蛇方块的大小，20×20
WIDTH = 40*TILE_SIZE  # 设置窗口的宽度为800
HEIGHT = 30*TILE_SIZE  # 设置窗口的高度为600

snakeHead = Actor('snake1')  # 导入蛇头方块图片
snakeHead.x = WIDTH/2   # 蛇头方块图片的x坐标
snakeHead.y = HEIGHT/2  # 蛇头方块图片的y坐标

cookie = Actor('cookie')  # 导入食物方块图片
cookie.x = random.randint(10, 30)*TILE_SIZE # 食物方块图片的x坐标
cookie.y = random.randint(10, 30)*TILE_SIZE # 食物方块图片的y坐标

Snake = []  # 存储蛇的列表
Snake.append(snakeHead)  # 把蛇头加入列表中

direction = 'up'  # 控制小蛇运动方向

isLoose = False # 游戏是否失败
score = 0 # 游戏得分

for i in range(4):  # 再为蛇添加4段蛇身
    snakebody = Actor('snake1')  # 导入蛇身方块图片
    snakebody.x = Snake[i].x - TILE_SIZE  # 蛇身方块图片的x坐标
    snakebody.y = Snake[i].y  # 蛇身方块图片的y坐标
    Snake.append(snakebody)   # 把蛇身加入列表中

def draw():  # 绘制模块，每帧重复执行
    screen.clear()  # 每帧清除屏幕，便于重新绘制
    for snakebody in Snake:  # 绘制蛇
        snakebody.draw()
    cookie.draw() # 食物的绘制
    screen.draw.text("得分："+str(score), (360, 20), fontsize=25,
                     fontname='s', color='white')
    if isLoose:  # 显示游戏失败信息
        screen.draw.text("游戏失败！", (180, HEIGHT/2-100),
                    fontsize=100, fontname='s', color='blue')

def update():  # 更新模块，每帧重复操作
    global direction,isLoose,score
```

```
if keyboard.left:  # 如果按下键盘向左方向键
    direction = 'left'  # 小蛇要向左移
if keyboard.right:  # 如果按下键盘向右方向键
    direction = 'right'  # 小蛇要向右移
if keyboard.up:  # 如果按下键盘向上方向键
    direction = 'up'  # 小蛇要向上移
if keyboard.down:  # 如果按下键盘向下方向键
    direction = 'down'  # 小蛇要向下移

newSnakeHead = Actor('snake1')  # 创建新蛇头的图片

# 根据direction变量设定新蛇头的坐标
# 如小蛇向下移动，就在旧蛇头的下边
newSnakeHead = Actor('snake1')
if direction == 'right':  # 小蛇向右移动
    newSnakeHead.x = Snake[0].x + TILE_SIZE
    newSnakeHead.y = Snake[0].y
if direction == 'left':  # 小蛇向左移动
    newSnakeHead.x = Snake[0].x - TILE_SIZE
    newSnakeHead.y = Snake[0].y
if direction == 'up':  # 小蛇向上移动
    newSnakeHead.x = Snake[0].x
    newSnakeHead.y = Snake[0].y - TILE_SIZE
if direction == 'down':  # 小蛇向下移动
    newSnakeHead.x = Snake[0].x
    newSnakeHead.y = Snake[0].y + TILE_SIZE

# 当小蛇（新蛇头）超出边框时，游戏失败
if newSnakeHead.y < 0 or newSnakeHead.y > HEIGHT \
    or newSnakeHead.x < 0 or newSnakeHead.x > WIDTH:
    isLoose = True

# 当小蛇蛇头碰到自身时，游戏失败
for snakebody in Snake:
    # 对所有蛇身循环，判断是否和蛇头坐标一致
    if newSnakeHead.x == snakebody.x and
         newSnakeHead.y == snakebody.y:
        isLoose = True
        break

# 当小蛇头碰到食物时，不处理，也就是长度+1；饼干重新在随机位置出现；
if newSnakeHead.x == cookie.x and newSnakeHead.y == cookie.y:
    cookie.x = random.randint(5, 35)*TILE_SIZE
    cookie.y = random.randint(5, 25)*TILE_SIZE
    score = score + 1  # 得分加1
else:  # 否则，删除掉旧蛇尾，也就是蛇的长度保持不变
```

```
        del Snake[len(Snake)-1]

    Snake.insert(0, newSnakeHead) # 把新蛇头加到列表的最前面
    time.sleep(0.2)  # 暂停0.2s

pgzrun.go()  # 开始执行游戏
```

9.9 函数的定义与使用

在之前的章节，我们已经使用了很多函数。有一些是Python提供的内建函数，如int()、str()、input()、print()、len()等；有一些是游戏开发库提供的函数，如draw()、update()、on_mouse_ down ()等。示例如下：

```
def draw():
    screen.draw.circle((400, 300), 100, 'white')
```

回顾draw()函数的定义，首先需要写一个关键字def（define的缩写，表示定义函数），然后写上函数的名字draw，写上括号()及冒号:，最后写上draw()函数对应执行的语句。

我们也可以定义自己的函数并调用执行：

9-9-1.py

```
def printStars():
    str = ''
    for i in range(5):
        str = str + '+'
    print(str)

printStars()
```

输出如下结果。

```
+++++
```

def printStars()进行了函数的定义，函数中首先定义一个空的字符串str，然后将5个加号字符'+'添加到str中，最后输出str。

函数定义后，使用printStars()语句调用函数，即执行函数内部的所有语句。

练习9-4

调用代码9-9-1.py中定义的函数，输出如下效果。

函数定义的括号内，还可以写上函数运行时接收的参数，如我们可以修改代码9-9-1.py，让用户设定要输出的加号的个数：

9-9-2.py

```
def printStars(num):
    str = ''
    for i in range(num):
        str = str + '+'
    print(str)

printStars(3)
printStars(5)
printStars(10)
```

其中num为函数的参数，函数内部把num个'+'添加到字符串str中。调用函数时，括号内写不同的数字，就可以输出对应数字个数的加号。程序运行后，分别输出如下3个、5个、10个加号。

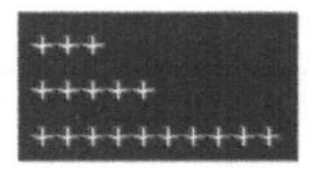

函数也可以接受多个参数，参数间以逗号间隔：

9-9-3.py

```
def printStars(num,ch):
    str = ''
    for i in range(num):
        str = str + ch
    print(str)

printStars(3, '+')
printStars(5, '@')
printStars(10, '0')
```

以上函数接受两个参数：ch为对应的字符，num为要输出的字符的个数。程序运行后，分别输出如下3个'+'、5个'@'、10个'0'。

练习9-5

定义函数，输出行数为n、列数为m的字符ch组成的长方形字符阵列，示例输出如下。

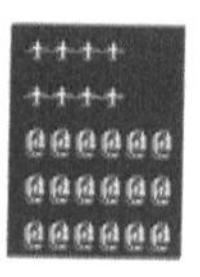

练习9-6

定义函数，输入两个数字x、y，输出两数中的最大值。

回顾int()函数的用法：

```
n = int(3.5)
print(n)
```

其将函数计算结果返回，并赋给变量n。同样，我们自定义的函数也可以定义返回值：

9-9-4.py

```
def maxfun(x, y):
    max = x
    if (x < y):
        max = y
    return max

result = maxfun(2, 4)
print(result)
```

输出如下结果。

```
4
```

利用return语句，函数maxfun()将计算结果max返回。调用函数时，就可以将函数的返回值赋给其他变量了。

利用函数的返回值，也可以实现更复杂的功能，如以下代码可以求解3个数的最大值：

9-9-5.py

```
def maxfun(x, y):
    max = x
    if (x < y):
```

```
        max = y
    return max

result = maxfun(maxfun(3, 5),4)
print(result)
```

输出如下结果。

```
5
```

练习 9-7

身体质量指数（BMI，Body Mass Index）是衡量人体肥胖程度的重要标准，读者可以搜索相应的计算方法与准则，尝试实现一个判断体重情况的函数。示例输入/输出如下。

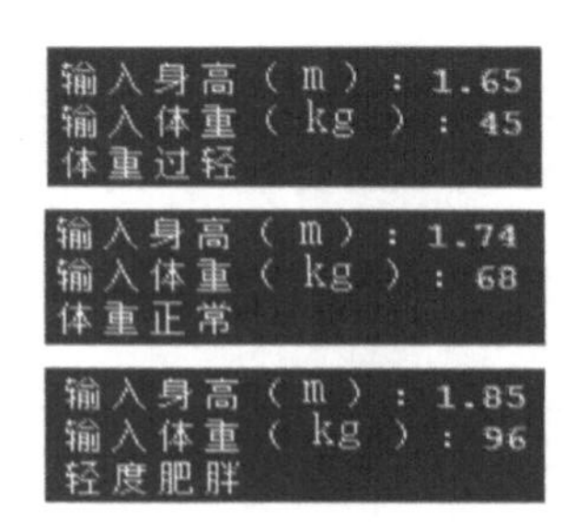

提示　当我们要解决的问题比较复杂时，可以把问题分块，每一块功能相对独立，就可用一个独立的函数来实现。用好函数可以降低程序设计的复杂性，提高代码的可靠性，避免程序开发的重复劳动，方便程序维护和功能扩充。

9.10　时间控制的改进

代码 9-8.py 中通过在 update() 函数中添加 time.sleep(0.2) 语句来使得小蛇降低了移动速度。然而 time.sleep(0.2) 执行时，所有程序包括用户输入的语句也都会暂停 0.2s。在玩贪吃蛇时，玩家会感觉到明显的卡顿，明明按了方向键，小蛇却没有反应。

为了改进这一问题，我们应用自定义函数，以及游戏开发库中 clock 模块的 schedule 功能：

9-10-1.py

```
import pgzrun  # 导入游戏库
num = 0

def output():
    global num
    num += 1
    print(num)
    clock.schedule_unique(output, 1)  # 下一次隔1s调用

output() # 调用函数运行
pgzrun.go()  # 开始执行游戏
```

output()为自定义的函数，运行时将num变量的值加1，并输出num。clock.schedule_unique(output, 1)表示隔1s后继续运行一次output()函数，如此即可实现每隔1s运行一次output()函数的功能，而其他代码的运行不受影响。也可以使用clock.unschedule(output)结束output()函数的计划执行任务。

将代码9-8.py调整为如下结构：

```
def update():  # 更新模块，每帧重复操作
    global direction
    if keyboard.left:  # 如果按下键盘向左方向键
        direction = 'left'  # 小蛇要向左移
    # 其他按键代码省略

def moveSnake(): # 蛇移动相关代码
    # 首先放一些蛇操作的工作
    clock.schedule_unique(moveSnake, 0.2)  # 下一次隔0.2s调用

moveSnake()  # 调用该函数
```

玩家输入模块在update()函数中，每帧都会实时运行，输入很顺畅；而移动蛇的模块在moveSnake()函数中运行，每隔0.2s会调用自身运行一次，蛇的移动速度不会太快。完整代码如下：

9-10-2.py

```
import pgzrun  # 导入游戏库
import time  # 导入时间库
import random # 导入随机库

TILE_SIZE = 20  # 小蛇方块的大小，20×20
WIDTH = 40*TILE_SIZE  # 设置窗口的宽度为800
HEIGHT = 30*TILE_SIZE  # 设置窗口的高度为600
```

```
snakeHead = Actor('snake1')  # 导入蛇头方块图片
snakeHead.x = WIDTH/2    # 蛇头方块图片的x坐标
snakeHead.y = HEIGHT/2   # 蛇头方块图片的y坐标

cookie = Actor('cookie')  # 导入食物方块图片
cookie.x = random.randint(10, 30)*TILE_SIZE # 食物方块图片的x坐标
cookie.y = random.randint(10, 30)*TILE_SIZE # 食物方块图片的y坐标

Snake = []  # 存储蛇的列表
Snake.append(snakeHead)  # 把蛇头加入列表中

direction = 'up'  # 控制小蛇运动方向
isLoose = False # 游戏是否失败
score = 0 # 游戏得分

for i in range(4):  # 再为蛇添加4段蛇身
    snakebody = Actor('snake1')  # 导入蛇身方块图片
    snakebody.x = Snake[i].x - TILE_SIZE  # 蛇身方块图片的x坐标
    snakebody.y = Snake[i].y  # 蛇身方块图片的y坐标
    Snake.append(snakebody)   # 把蛇身加入列表中

def draw():  # 绘制模块，每帧重复执行
    screen.clear()  # 每帧清除屏幕，便于重新绘制
    for snakebody in Snake:  # 绘制蛇
        snakebody.draw()
    cookie.draw() # 食物的绘制
    screen.draw.text("得分："+str(score), (360, 20), fontsize=25,
                    fontname='s', color='white')
    if isLoose:  # 显示游戏失败信息
        screen.draw.text("游戏失败！", (180, HEIGHT/2-100),
                  fontsize=100, fontname='s', color='blue')

def update():  # 更新模块，每帧重复操作
    global direction
    if keyboard.left:  # 如果按下键盘向左方向键
        direction = 'left'  # 小蛇要向左移
    if keyboard.right:  # 如果按下键盘向右方向键
        direction = 'right'  # 小蛇要向右移
    if keyboard.up:  # 如果按下键盘向上方向键
        direction = 'up'  # 小蛇要向上移
    if keyboard.down:  # 如果按下键盘向下方向键
        direction = 'down'  # 小蛇要向下移

def moveSnake(): # 和蛇相关的一些操作
    global direction, isLoose, score
```

```
    newSnakeHead = Actor('snake1')  # 创建新蛇头的图片

    # 根据direction变量设定新蛇头的坐标
    # 如小蛇向下移动，就在旧蛇头的下边
    newSnakeHead = Actor('snake1')
    if direction == 'right':  # 小蛇向右移动
        newSnakeHead.x = Snake[0].x + TILE_SIZE
        newSnakeHead.y = Snake[0].y
    if direction == 'left':  # 小蛇向左移动
        newSnakeHead.x = Snake[0].x - TILE_SIZE
        newSnakeHead.y = Snake[0].y
    if direction == 'up':  # 小蛇向上移动
        newSnakeHead.x = Snake[0].x
        newSnakeHead.y = Snake[0].y - TILE_SIZE
    if direction == 'down':  # 小蛇向下移动
        newSnakeHead.x = Snake[0].x
        newSnakeHead.y = Snake[0].y + TILE_SIZE

    # 当小蛇（新蛇头）超出边框时，游戏失败
    if newSnakeHead.y < 0 or newSnakeHead.y > HEIGHT \
        or newSnakeHead.x < 0 or newSnakeHead.x > WIDTH:
        isLoose = True

    # 当小蛇蛇头碰到自身时，游戏失败
    # 对所有蛇身循环，判断是否和蛇头坐标一致
    for snakebody in Snake:
        if newSnakeHead.x == snakebody.x \
            and newSnakeHead.y == snakebody.y:
            isLoose = True
            break

    # 当小蛇头碰到食物时，不处理，也就是长度+1；饼干重新在随机位置出现；
    if newSnakeHead.x == cookie.x and newSnakeHead.y == cookie.y:
        cookie.x = random.randint(5, 35)*TILE_SIZE
        cookie.y = random.randint(5, 25)*TILE_SIZE
        score = score + 1  # 得分加1
    else:  # 否则，删除掉旧蛇尾，也就是蛇的长度保持不变
        del Snake[len(Snake)-1]

    Snake.insert(0, newSnakeHead)  # 把新蛇头加到列表的最前面
    clock.schedule_unique(moveSnake, 0.2)  # 下一次隔0.2s调用

moveSnake()  # 调用移动蛇的函数

pgzrun.go()  # 开始执行游戏
```

练习 9-8

当用户按键后，输出程序运行的时间。

练习 9-9

实现游戏倒计时 30s 功能，如果倒计时结束，则输出时间到了，效果如图 9-11 所示。

图 9-11

9.11　小结

这一章我们主要制作了贪吃蛇游戏，了解了 time 模块的 sleep 函数、clock 模块的 schedule 等功能，学习了列表的插入函数、break 与 continue 语句、函数的定义与调用等知识点。读者可以尝试在本章代码的基础上继续改进：

1. 实现得分越来越高，游戏速度越来越快的效果；
2. 实现蛇头、蛇身不同颜色的显示效果；
3. 为游戏添加倒计时功能；
4. 尝试实现双人版贪吃蛇大战，如果碰到对方蛇身则游戏失败。

第 10 章 拼图游戏

本章我们将编写一个拼图游戏，用鼠标先后点击两个小拼图块，交换其位置，直到全部位于正确位置，效果如图10-1所示。我们首先利用列表存储所有小拼图块的位置并显示；然后实现两个小拼图块的位置交换和鼠标点击的判断；接着实现游戏胜利的判断，并增加提示信息；最后实现游戏计时与最佳游戏记录的存档。

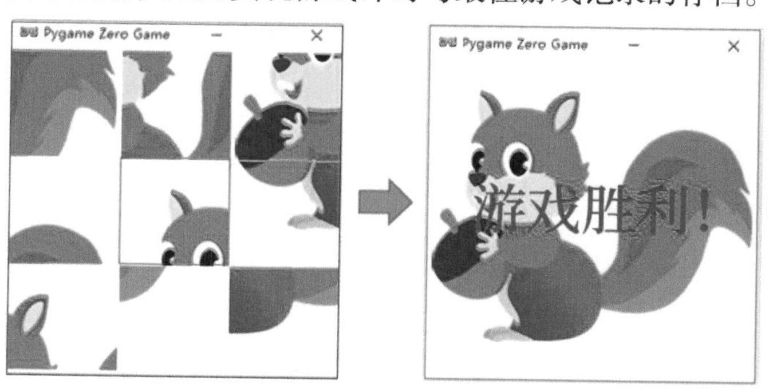

图 10-1

本章案例的最终代码一共98行，代码参看“配套资源\第10章\10-9-5.py”，视频效果参看“配套资源\第10章\拼图游戏.mp4”。

10.1　拼图块的显示

在本书的配套电子资源中，找到“第10章\images”文件夹，其中有我们这章需要的图片素材，共有3行3列9张图片，每张图片都宽100px、高100px，如图10-2所示。

设定游戏窗口宽300px、高300px，首先导入“3×3_01.jpg”，并在画面中间绘制，如图10-3所示。

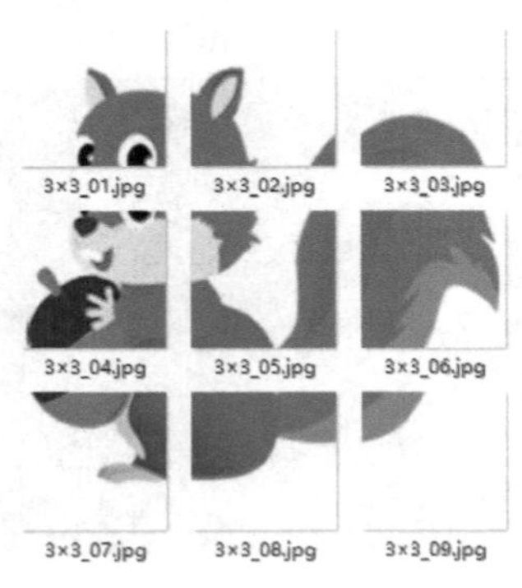

图 10-2

图 10-3

添加代码如下：

10-1-1.py

```
import pgzrun  # 导入游戏库

TILE_SIZE = 100  # 小拼图块的大小，100×100
WIDTH = 3*TILE_SIZE  # 设置窗口的宽度为300
HEIGHT = 3*TILE_SIZE  # 设置窗口的高度为300

tile = Actor('3×3_01')  # 导入拼图方块图片
tile.x = WIDTH/2   # 拼图方块图片的x坐标
tile.y = HEIGHT/2  # 拼图方块图片的y坐标

def draw():  # 绘制模块，每帧重复执行
    screen.clear()  # 每帧清除屏幕，便于重新绘制
    tile.draw()  # 绘制小拼图块

pgzrun.go()  # 开始执行游戏
```

利用列表，我们可以绘制出3行3列的拼图图片，效果如图10-4所示。

图 10-4

实现代码如下：

10-1-2.py

```
import pgzrun  # 导入游戏库

TILE_SIZE = 100  # 小拼图块的大小，100×100
WIDTH = 3*TILE_SIZE  # 设置窗口的宽度为300
HEIGHT = 3*TILE_SIZE  # 设置窗口的高度为300

grid = [] # 列表，用来存放所有拼图信息
for i in range(3): # 对行循环
    for j in range(3): # 对列循环
        tile = Actor('3×3_01')  # 导入拼图方块图片
        tile.left = j * TILE_SIZE # 拼图方块图片最左边的x坐标
        tile.top = i * TILE_SIZE  # 拼图方块图片最顶部的y坐标
        grid.append(tile) # 将当前拼图加入列表中

def draw():  # 绘制模块，每帧重复执行
    screen.clear()  # 每帧清除屏幕，便于重新绘制
    for tile in grid:
        tile.draw()  # 绘制小拼图块

pgzrun.go()  # 开始执行游戏
```

10.2　利用列表存储所有的小拼图块

为了能把9个不同的小拼图块都显示出来，我们首先利用列表tiles存储9个小拼图文件：

```
# 导入9个图片文件，存在列表当中
tiles = [Actor('3×3_01'), Actor('3×3_02'), Actor('3×3_03'),
         Actor('3×3_04'), Actor('3×3_05'), Actor('3×3_06'),
         Actor('3×3_07'), Actor('3×3_08'), Actor('3×3_09')]
```

然后修改每一个小拼图的对应坐标，把所有小拼图都存储在列表grid中：

```
grid = [] # 列表，用来存放所有拼图信息
for i in range(3): # 对行循环
    for j in range(3): # 对列循环
        tile = tiles[i*3+j]  # 对应拼图方块图片
        tile.left = j * TILE_SIZE  # 拼图方块图片最左边的x坐标
        tile.top = i * TILE_SIZE   # 拼图方块图片最顶部的y坐标
        grid.append(tile) # 将当前拼图加入列表中
```

在draw()函数中，对grid中的所有小拼图进行绘制：

```
def draw():  # 绘制模块，每帧重复执行
    screen.clear()  # 每帧清除屏幕，便于重新绘制
    for tile in grid:
        tile.draw()  # 绘制小拼图块
```

最终效果如图10-5所示，完整代码参看10-2.py。

图 10-5

10.3　两个小拼图位置的交换

这一节，我们实现两个小拼图块位置的交换。假设要交换的两个拼图方块的序号为i=0、j=8，则位置交换效果如图10-6所示。

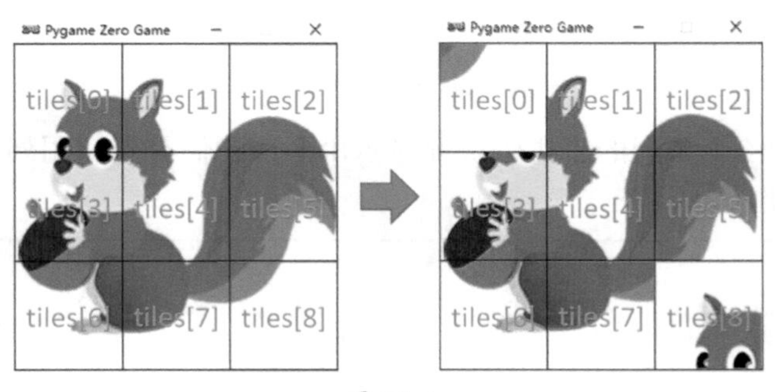

图 10-6

为了交换两个变量i、j的值，最直观的方法可能如下：

10-3-1.py

```
i = 0
j = 8
print(i, j)

i = j
j = i
print(i, j)
```

运行后输出如下结果。

读者可以尝试分析下代码10-3-1.py无法实现变量值交换的原因。正确的用法，是利用中间变量temp，实现变量i、j的交换：

10-3-2.py

```
i = 0
j = 8
print(i, j)

temp = i
i = j
j = temp
print(i, j)
```

输出如下结果。

练习 10-1

输入两个数字，存储在变量a、b中，编写代码使a中存储较小的数字、b中存储较大的数字。

继续输入代码：

10-3-3.py

```
# 其他部分代码同10-2.py
# 以下实现两个小拼图块位置的交换
i = 0    # 第1个小拼图块的序号
j = 8    # 第2个小拼图块的序号
```

```
# 以下利用tempPos中间变量，实现两个小拼图块位置的交换
tempPos = grid[i].pos
grid[i].pos = grid[j].pos
grid[j].pos = tempPos
```

grid[i].pos 中存储了第 i 个小拼图块的 x、y 坐标，利用中间变量 tempPos，以上代码就可以实现第 i 个、第 j 个小拼图块位置的交换。

10.4　定义小拼图位置交换函数

拼图游戏中会执行多次交换两个小拼图块位置的操作。当一个操作执行多次时，就可以将其定义为函数：

```
# 以下函数实现两个小拼图块位置的交换
def swapPosition(i, j):
    # i，j为要交换的两个小拼图块的序号
    # 以下利用tempPos中间变量，实现两个小拼图块位置的交换
    tempPos = grid[i].pos
    grid[i].pos = grid[j].pos
    grid[j].pos = tempPos
```

多次调用函数交换两个小拼图块的位置，就可以得到乱序后的拼图初始画面：

```
# 重复随机交换多次小拼图的位置
for k in range(10):
    i = random.randint(0, 8)  # 第1个小拼图块的序号
    j = random.randint(0, 8)  # 第2个小拼图块的序号
    swapPosition(i, j) # 调用函数交换两个小拼图块的位置
```

最终效果如图 10-7 所示，完整代码参看 10-4.py。

图 10-7

10.5 判断鼠标点击了哪个小拼图

要想知道鼠标点击了哪个小拼图，可以利用图片对象的collidepoint(pos)函数对所有小拼图进行遍历，判断其和鼠标点击时的指针位置是否碰撞：

10-5.py

```
# 其他部分代码同10-4.py
def on_mouse_down(pos, button): # 当按下鼠标键时执行
    for k in range(9): # 对所有grid中的小拼图块遍历
        if grid[k].collidepoint(pos): # 如果小拼图与鼠标位置碰撞
            print(k) # 输出拼图块序号
            break    # 跳出当前循环
```

10.6 交换先后点击的两个小拼图位置

定义变量clickTime记录鼠标一共点击了多少次小拼图块，初始值为0；变量clickId1、clickId2记录前后两次点击的小拼图块的序号，初始值为-1。当clickTime为偶数时，点击的小拼图块序号存储在clickId1中，clickTime加1；当clickTime为奇数时，点击的小拼图块序号存储在clickId2中，clickTime加1，并交换clickId1、clickId2序号拼图块的位置。完整代码如下所示：

10-6.py

```
import pgzrun  # 导入游戏库
import random  # 导入随机库

TILE_SIZE = 100  # 小拼图块的大小，100×100
WIDTH = 3*TILE_SIZE  # 设置窗口的宽度为300
HEIGHT = 3*TILE_SIZE  # 设置窗口的高度为300

clickTime = 0  # 记录鼠标点击了多少次
clickId1 = clickId2 = -1 # 两次点击的小拼图块的序号

# 导入9个图片文件，存在列表当中
tiles = [Actor('3×3_01'), Actor('3×3_02'), Actor('3×3_03'),
         Actor('3×3_04'), Actor('3×3_05'),Actor('3×3_06'),
         Actor('3×3_07'),Actor('3×3_08'),Actor('3×3_09')]

grid = [] # 列表，用来存放所有拼图信息
for i in range(3): # 对行循环
    for j in range(3): # 对列循环
        tile = tiles[i*3+j]  # 对应拼图方块图片
```

```
        tile.left = j * TILE_SIZE  # 拼图方块图片最左边的x坐标
        tile.top = i * TILE_SIZE  # 拼图方块图片最顶部的y坐标
        grid.append(tile) # 将当前拼图加入列表中

# 以下函数实现两个小拼图块位置的交换
def swapPosition(i, j):
    # i，j为要交换的两个小拼图块的序号
    # 以下利用tempPos中间变量，实现两个小拼图块位置的交换
    tempPos = grid[i].pos
    grid[i].pos = grid[j].pos
    grid[j].pos = tempPos

# 重复随机交换多次小拼图的位置
for k in range(10):
    i = random.randint(0, 8)  # 第1个小拼图块的序号
    j = random.randint(0, 8)  # 第2个小拼图块的序号
    swapPosition(i, j) # 调用函数交换两个小拼图块的位置

def draw():  # 绘制模块，每帧重复执行
    screen.clear()  # 每帧清除屏幕，便于重新绘制
    for tile in grid:
        tile.draw()  # 绘制小拼图块

def on_mouse_down(pos, button): # 当按下鼠标键时执行
    global clickTime, clickId1, clickId2
    for k in range(9):  # 对所有grid中的小拼图块遍历
        if grid[k].collidepoint(pos): # 如果小拼图与鼠标位置碰撞
            print(k) # 输出拼图块序号
            break    # 跳出当前循环

    if clickTime % 2 ==  0: # 点击偶数次
        clickId1 = k  # 第1个要交换的小拼图块序号
        clickTime += 1 # 点击次数加1
    elif clickTime % 2 == 1:  # 点击奇数次
        clickId2 = k  # 第2个要交换的小拼图块序号
        clickTime += 1  # 点击次数加1
        swapPosition(clickId1, clickId2) # 交换两个小拼图块位置

pgzrun.go()  # 开始执行游戏
```

10.7　游戏胜利的判断

定义变量allRight判断所有小拼图的位置是否都正确了，并将其初始化为False：

```
allRight = False  # 小拼图的位置是否全对了
```

在on_mouse_down()函数中增加代码，判断所有小拼图块的位置是否都正确：

```
def on_mouse_down(pos, button): # 当按下鼠标键时执行
    allRight = True # 假设全拼对了
    for i in range(3):
        for j in range(3):
            tile = grid[i*3+j]
            # 遍历，只要有一个小拼图的位置不对，就没有全拼对
            if tile.left != j * TILE_SIZE
                or tile.top != i * TILE_SIZE:
                allRight = False # 拼错了
                break
            # 如果上面的if语句都不执行，则表示全拼对了
```

在draw()函数中添加代码，如果allRight（等价于allRight为True），就输出游戏胜利信息：

```
def draw():  # 绘制模块，每帧重复执行
    if allRight:  # 输出游戏胜利信息
        screen.draw.text("游戏胜利！", (40, HEIGHT/2-50),
                  fontsize=50, fontname='s', color='blue')
```

游戏胜利效果如图10-8所示，完整代码参看10-7.py。

图 10-8

10.8 增加提示信息

当游戏没有胜利时，可以画上两条白色竖线、两条白色横线，把9个小拼图块分割开来。另外，为选中的第1个小拼图块画一个红色方框。完整代码如下：

10-8.py

```
import pgzrun  # 导入游戏库
import random  # 导入随机库

TILE_SIZE = 100  # 小拼图块的大小，100×100
WIDTH = 3*TILE_SIZE  # 设置窗口的宽度为300
HEIGHT = 3*TILE_SIZE  # 设置窗口的高度为300

clickTime = 0  # 记录鼠标点击了多少次
clickId1 = clickId2 = -1 # 两次点击的小拼图块的序号
allRight = False  # 小拼图的位置是否全对了

# 导入9个图片文件，存在列表当中
tiles = [Actor('3×3_01'), Actor('3×3_02'), Actor('3×3_03'),
         Actor('3×3_04'), Actor('3×3_05'),Actor('3×3_06'),
         Actor('3×3_07'),Actor('3×3_08'),Actor('3×3_09')]

grid = [] # 列表，用来存放所有拼图信息
for i in range(3): # 对行循环
    for j in range(3): # 对列循环
        tile = tiles[i*3+j]  # 对应拼图方块图片
        tile.left = j * TILE_SIZE  # 拼图方块图片最左边的x坐标
        tile.top = i * TILE_SIZE  # 拼图方块图片最顶部的y坐标
        grid.append(tile) # 将当前拼图加入列表中

# 以下函数实现两个小拼图块位置的交换
def swapPosition(i, j):
    # i，j为要交换的两个小拼图块的序号
    # 以下利用tempPos中间变量，实现两个小拼图块位置的交换
    tempPos = grid[i].pos
    grid[i].pos = grid[j].pos
    grid[j].pos = tempPos

# 重复随机交换多次小拼图的位置
for k in range(10):
    i = random.randint(0, 8)  # 第1个小拼图块的序号
    j = random.randint(0, 8)  # 第2个小拼图块的序号
    swapPosition(i, j) # 调用函数交换两个小拼图块的位置

def draw():  # 绘制模块，每帧重复执行
    screen.clear()  # 每帧清除屏幕，便于重新绘制
    for tile in grid:
        tile.draw()  # 绘制小拼图块
```

```
    if allRight:  # 输出游戏胜利信息
        screen.draw.text("游戏胜利! ", (40, HEIGHT/2-50),
                fontsize=50, fontname='s', color='blue')
    else:  # 如果没有成功，可以画几条提示线
        for i in range(3):  # 画两条横线、两条竖线
            screen.draw.line((0, i*TILE_SIZE),
                    (WIDTH, i*TILE_SIZE), 'white')
            screen.draw.line((i*TILE_SIZE, 0),
                    (i*TILE_SIZE, HEIGHT), 'white')
        if clickId1 != -1: # 为选中的第1个小拼图块画一个红色框
            screen.draw.rect(
                Rect((grid[clickId1].left, grid[clickId1].top),
                    (TILE_SIZE, TILE_SIZE)), 'red')

def on_mouse_down(pos, button): # 当按下鼠标键时执行
    global clickTime, clickId1, clickId2,allRight
    for k in range(9):  # 对所有grid中的小拼图块遍历
        if grid[k].collidepoint(pos): # 如果小拼图与鼠标位置碰撞
            print(k) # 输出拼图块序号
            break    # 跳出当前循环

    if clickTime % 2 ==  0: # 点击偶数次
        clickId1 = k  # 第1个要交换的小拼图块序号
        clickTime += 1 # 点击次数加1
    elif clickTime % 2 == 1:  # 点击奇数次
        clickId2 = k  # 第2个要交换的小拼图块序号
        clickTime += 1  # 点击次数加1
        swapPosition(clickId1, clickId2) # 交换两个小拼图块位置

    allRight = True # 假设全拼对了
    for i in range(3):
        for j in range(3):
            tile = grid[i*3+j]
            # 遍历，只要有一个小拼图的位置不对，就没有全拼对
            if tile.left != j * TILE_SIZE
                or tile.top != i * TILE_SIZE:
                allRight = False # 拼错了
                break
            # 如果上面的if语句都不执行，则表示全拼对了

pgzrun.go()  # 开始执行游戏
```

效果如图 10-9 所示。

图 10-9

练习 10-2

利用“配套资源\第10章”提供的素材，制作一个5行5列的拼图游戏，如图10-10所示。

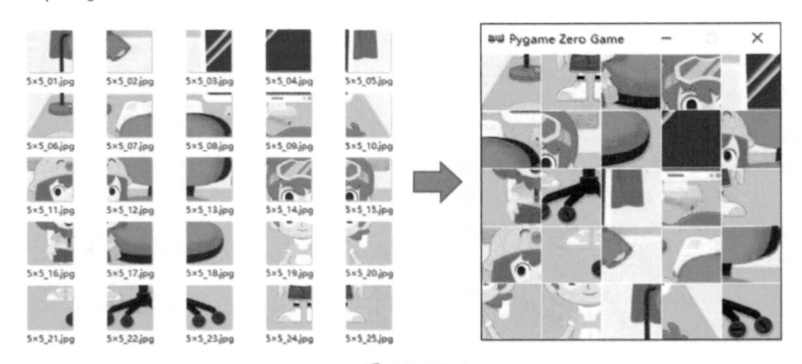

图 10-10

10.9　游戏计时与最佳纪录

除了9.10节中使用的方法，我们也可以利用datetime库实现游戏计时的功能：

10-9-1.py

```
import datetime
start = datetime.datetime.now()
a = input('按回车键后统计程序运行时间')
end = datetime.datetime.now()
time = (end - start).seconds
print('程序一共运行', time, '秒')
```

输出如下结果。

```
按回车键后统计程序运行时间
程序一共运行 38 秒
```

程序开始运行时，start变量记录当前时间。运行一段时间后，end变量再次记录当前时间。两者相减，即可得到程序运行的时间。

利用Python的文件读写功能，我们可以把拼图游戏花费的时间time存储在文本文件rank.txt中：

10-9-2.py

```
time = 38
txtFile = open('rank.txt','w')
txtFile.write(str(time))
txtFile.close()
```

其中open()函数可以打开文件，括号内的第1个参数'rank.txt'为文件的名字，第2个参数'w'为'write'的缩写，表示把数据写入文件中。txtFile.write(str(score))将score转换为字符串后存储到文件中，txtFile.close()关闭文件。

我们也可以读取rank.txt中存储的信息，如代码10-9-3.py所示。open()函数中第2个参数'r'为'read'的缩写，表示读取文件中的数据。txtFile.readline()读取文本文件到line中，格式转换函数int()把line转换为整数，即得到文件存储的游戏运行时间。输入代码如下：

10-9-3.py

```
txtFile = open('rank.txt','r')
line = txtFile.readline()
oldTime = int(line)
print(oldTime)
txtFile.close()
```

进一步，判断这次拼图游戏使用的时间newTime是否小于文件中储存的时间oldTime，如果满足就把新的时间存储到文本文件中：

10-9-4.py

```
txtFile = open('rank.txt','r')
line = txtFile.readline()
oldTime = int(line)
txtFile.close()

newTime = 35
if newTime < oldTime:
```

```
txtFile = open('rank.txt', 'w')
txtFile.write(str(newTime))
txtFile.close()
```

将游戏计时与最佳纪录的功能添加到拼图游戏中，完整代码可参考 10-9-5.py，效果如图 10-11 所示。

图 10-11

练习 10-3

“配套资源\第 10 章\文件\scores.txt” 中储存了 10 位同学的编程成绩，试编写程序读取并计算这 10 位同学的平均成绩，并保存在 averageScore.txt 文件中。

10.10　小结

这一章我们主要制作了拼图游戏，了解了列表存储多个小拼图块、定义拼图块交换函数、鼠标点击小拼图块的判断等功能，学习了倒计时、文件读写等知识。读者可以参考本章的开发思路，尝试设计并分步骤实现图片找茬儿、华容道等小游戏。第 13 章我们将学习 Pillow 图像处理库，实现图片的自动分割，即可自动生成拼图游戏的图片素材。

第 11 章 消灭星星

消灭星星是一款非常好玩的消除类游戏，只需点击一个方块，如果和其相连的有两个或两个以上颜色相同的方块即可消除，游戏得分即为消除的方块数，如图 11-1 所示。我们首先利用二维数组存储所有小方块的信息并显示，然后实现鼠标点击小方块、连通方块序号的获取，最后实现方块消除及位置更新、得分的计算与显示。

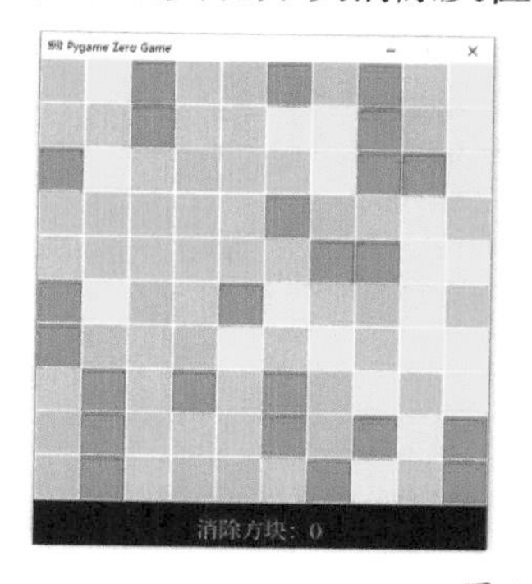

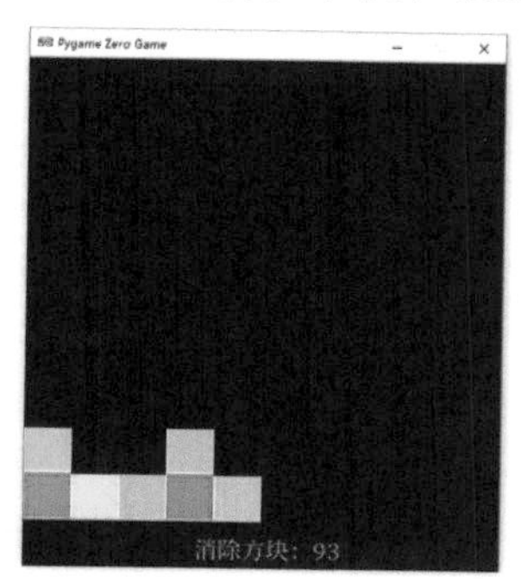

图 11-1

本章案例的最终代码一共98行，代码参看“配套资源\第11章\11-8.py”，视频效果参看“配套资源\第11章\消灭星星.mp4”。

11.1　10行10列小方块的随机显示

在本书的配套电子资源中，找到“第11章\images”文件夹，其中有我们这章需要的图片素材，每一个小方框图片都宽50px、高50px，如图11-2所示。

图 11-2

“star1.jpg”到“star6.jpg”为6种不同颜色的小方块；“star0.jpg”为和背景相同颜色的黑色小方块，当颜色方块消除后可以用“star0.jpg”来显示。参考代码10-2.py中的实现方法，显示出10行10列的随机小方块，如图11-3所示。

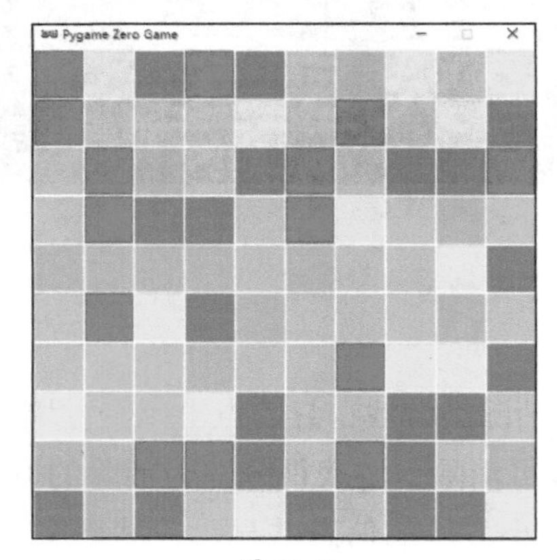

图 11-3

实现代码如下：

11-1.py

```
import pgzrun  # 导入游戏库
import random  # 导入随机库

TILE_SIZE = 50  # 小方块的大小，50×50
WIDTH = 10*TILE_SIZE  # 设置窗口的宽度为500
HEIGHT = 10*TILE_SIZE  # 设置窗口的高度为500

grid = []  # 列表，用来存放最终所有小方块的信息
for i in range(10):
```

```
    for j in range(10):
        x = random.randint(1, 6) # 小方块图片序号
        tile = Actor('star'+str(x))  # 对应小方块图片文件初始化
        tile.left = j * TILE_SIZE  # 小方块图片最左边的x坐标
        tile.top = i * TILE_SIZE  # 小方块图片最顶部的y坐标
        grid.append(tile)  # 将当前小方块加入列表中

def draw():   # 绘制模块，每帧重复执行
    screen.clear()  # 每帧清除屏幕，便于重新绘制
    for tile in grid:
        tile.draw()  # 绘制所有小方块

pgzrun.go()  # 开始执行游戏
```

其中x = random.randint(1, 6)表示取1至6的随机数，('star'+str(x))正好生成'star1'到'star6'的随机字符串，即随机取6种颜色方块之一。

11.2 利用二维数组存储小方块的编号

判断鼠标点击的小方块是否可以消除，需要了解其上下左右相邻方块的情况。为了便于处理，这一节我们学习利用列表存储二维数组，使用二维数组来存储所有小方块的颜色编号。输入如下代码：

11-2-1.py

```
grid = []  # 二维数组，初始为空列表
for i in range(2):  # 对行遍历
    row = []  # 存储一行的数据，初始为空列表
    for j in range(3):  # 对列遍历
        row.append(3*i+j)  # 把数据添加到行列表row中
    grid.append(row)  # 再把列表row添加到二维数组列表grid中

print(grid)  # 输出完整的二维数组
print(grid[0])  # 输出二维数组0号行
print(grid[0][1])  # 输出二维数组0号行1号列的元素值
```

程序运行后输出如下结果。

```
[[0, 1, 2], [3, 4, 5]]
[0, 1, 2]
1
```

代码实现了一个2行3列的二维数组，并将其存储在列表grid中。首先，当i=0时，j取值为0、1、2，列表row添加0、1、2这3个数值，再把这一行row添加到grid中；当i=1时，列表row添加3、4、5这3个数值，再把这一行

row添加到grid中。

二维数组grid构建好后，可以利用print(grid)语句输出完整的二维数组信息，也可以利用print(grid[i])语句输出二维数组*i*号行的信息，也可以利用print(grid[i][j]) 语句输出二维数组*i*号行、*j*号列的元素值。同样，也可以通过grid、grid[i]或grid[i][j]来修改二维数组的相关信息。注意二维数组的行、列编号均从0开始。

练习 11-1

生成一个5行5列的二维数组，元素取值范围为1至6的随机数，输出二维数组；如果二维数组中的元素为6，则将其元素值变为0，输出更新后的二维数组。示例输出如下所示。

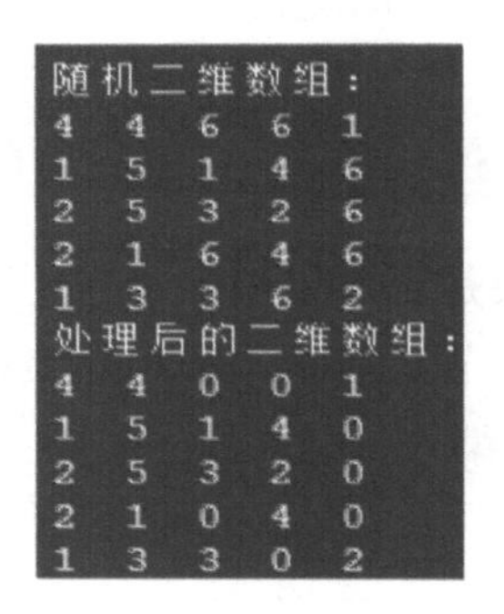

```
随机二维数组：
4 4 6 6 1
1 5 1 4 6
2 5 3 2 6
2 1 6 4 6
1 3 3 6 2
处理后的二维数组：
4 4 0 0 1
1 5 1 4 0
2 5 3 2 0
2 1 0 4 0
1 3 3 0 2
```

利用二维数组可以存储所有小方块的颜色编号，并把这些数字显示出来，如图11-4所示。

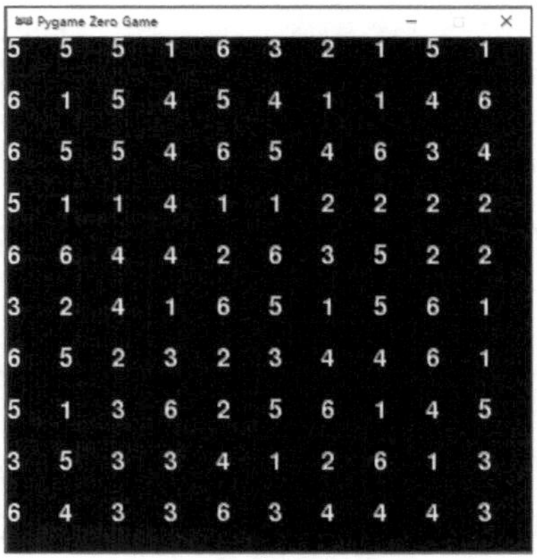

图 11-4

完整代码如下：

11-2-2.py

```
import pgzrun  # 导入游戏库
import random  # 导入随机库

TILE_SIZE = 50  # 小方块的大小，50×50
WIDTH = 10*TILE_SIZE  # 设置窗口的宽度为500
HEIGHT = 10*TILE_SIZE  # 设置窗口的高度为500

stars = [] # 二维数组，初始为空列表，用于储存小方块颜色编号
for i in range(10):  # 对行遍历
    row = [] # 存储一行的数据，初始为空列表
    for j in range(10):  # 对列遍历
        x = random.randint(1, 6) # 取1-6的随机数
        row.append(x)  # 把数据添加到行列表row中
    stars.append(row)  # 再把行列表row添加到二维数组stars中

def draw():   # 绘制模块，每帧重复执行
    screen.clear()  # 每帧清除屏幕，便于重新绘制
    # 以下绘制出所有小方块的编号
    for i in range(10):
        for j in range(10):
            screen.draw.text(str(stars[i][j]), (j*TILE_SIZE,
                i*TILE_SIZE), fontsize=35, color='white')

pgzrun.go()  # 开始执行游戏
```

11.3 利用二维数组的信息绘制小方块

有了存储所有小方块颜色编号的二维数组stars，就可以读取对应编号的小方块图片，再把图片信息存储在二维数组Tiles中，并显示绘制，效果如图11-5所示。

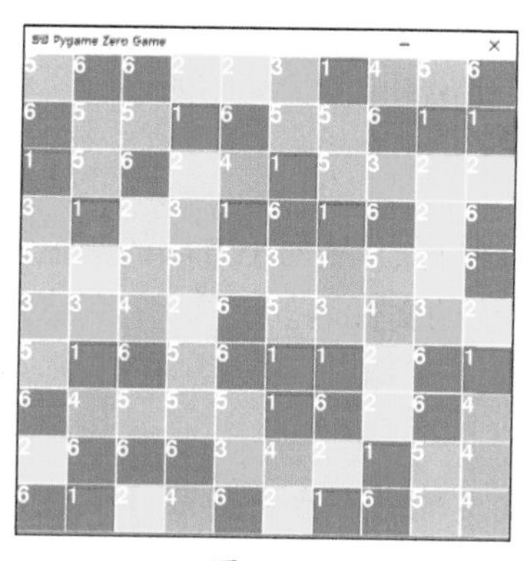

图 11-5

相关代码如下：

11-3.py

```
import pgzrun  # 导入游戏库
import random  # 导入随机库

TILE_SIZE = 50  # 小方块的大小，50×50
WIDTH = 10*TILE_SIZE  # 设置窗口的宽度为500
HEIGHT = 10*TILE_SIZE  # 设置窗口的高度为500

stars = []  # 二维数组，初始为空列表，用于储存小方块编号
for i in range(10):  # 对行遍历
    row = []  # 存储一行的数据，初始为空列表
    for j in range(10):  # 对列遍历
        x = random.randint(1, 6) # 取1-6的随机数
        row.append(x)  # 把数据添加到行列表row中
    stars.append(row)  # 再把行列表row添加到二维数组stars中

Tiles = []  # 二维数组，初始为空列表，存放所有小方块图片信息
for i in range(10):
    for j in range(10):
        tile = Actor('star'+str(stars[i][j]))  #小方块图片初始化
        tile.left = j * TILE_SIZE  # 小方块图片最左边的x坐标
        tile.top = i * TILE_SIZE  # 小方块图片最顶部的y坐标
        Tiles.append(tile)  # 将当前小方块加入列表中

def draw():   # 绘制模块，每帧重复执行
    screen.clear()  # 每帧清除屏幕，便于重新绘制
    for tile in Tiles:
        tile.draw()  # 绘制所有小方块
    # 以下绘制出所有小方块的编号
    for i in range(10):
        for j in range(10):
            screen.draw.text(str(stars[i][j]), (j*TILE_SIZE, i*TILE_SIZE),
                  fontsize=35, color='white')

pgzrun.go()  # 开始执行游戏
```

其中stars[i][j]存储了i号行、j号列小方块的颜色编号，('star'+str(stars[i][j]))正好是对应颜色编号小方块的文件名。

练习 11-2

利用二维数组，尝试实现一个生命游戏。假设Cells有30×30个小格子，每个小格子里包含一个细胞。细胞存活值为1，输出live.jpg；细胞死亡值为

0，输出die.jpg。生命游戏规则如下。

1. 如果一个细胞周围有3个细胞为生，则该细胞为生。
2. 如果一个细胞周围有2个细胞为生，则该细胞的生死状态保持不变。
3. 其他情况下，该细胞为死。
4. 每帧利用上述准则更新二维数组数据。

把所有元素的生命状态逐帧输出，可以显示出相应的图案，示例输出如图11-6所示。

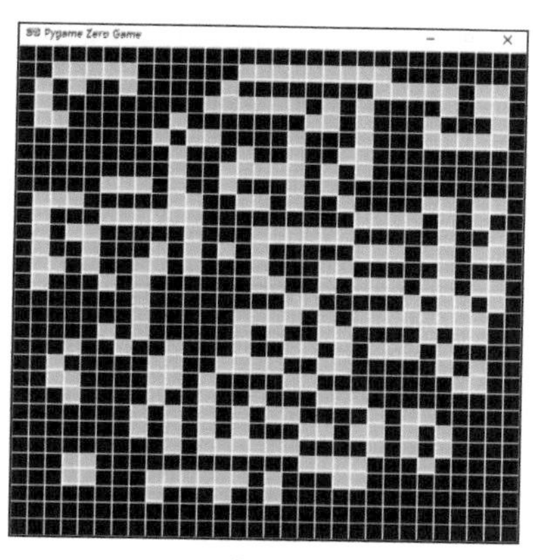

图 11-6

11.4 将鼠标点击的方块变成黑色方块

假设鼠标点击时的位置坐标为(*x*,*y*)，则其被点击的小方块在二维数组中的行序号为iClicked = int(x/TILE_SIZE)，列序号为jClicked = int(y/TILE_SIZE)，其中int()表示取整操作。

提示 也可以使用整除运算符获得点击方块的行列序号：iClicked = x//TILE_SIZE，jClicked = y//TILE_SIZE。

把stars[iClicked][jClicked]设为0，对应的"star0.jpg"就是黑色小方块。另外自定义函数updateTiles()，用于根据二维数组stars更新二维数组Tiles，效果如图11-7所示。

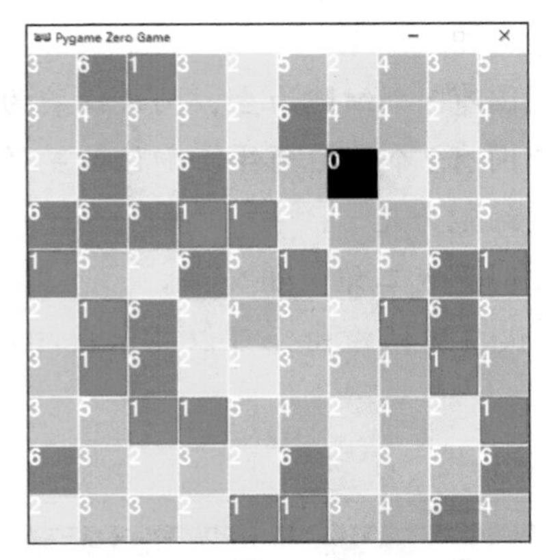

图 11-7

相关代码如下：

11-4.py

```
import pgzrun  # 导入游戏库
import random  # 导入随机库

TILE_SIZE = 50  # 小方块的大小，50×50
WIDTH = 10*TILE_SIZE  # 设置窗口的宽度为500
HEIGHT = 10*TILE_SIZE  # 设置窗口的高度为500

stars = []  # 二维数组，初始为空列表，用于储存小方块颜色编号
for i in range(10):  # 对行遍历
    row = []  # 存储一行的数据，初始为空列表
    for j in range(10):  # 对列遍历
        x = random.randint(1, 6) # 取1-6的随机数
        row.append(x)  # 把数据添加到行列表row中
    stars.append(row)  # 再把行列表row添加到二维数组stars中

Tiles = []  # 二维数组，初始为空列表，存放所有小方块图片信息
def updateTiles():  # 根据stars更新Tiles二维数组
    for i in range(10):
        for j in range(10):
            # 对应小方块图片初始化
            tile = Actor('star'+str(stars[i][j]))
            tile.left = j * TILE_SIZE  # 小方块图片最左边的x坐标
            tile.top = i * TILE_SIZE  # 小方块图片最顶部的y坐标
            Tiles.append(tile)  # 将当前小方块加入列表中
updateTiles()  # 根据stars更新Tiles二维数组

def draw():   # 绘制模块，每帧重复执行
```

```
    screen.clear()  # 每帧清除屏幕，便于重新绘制
    for tile in Tiles:
        tile.draw()  # 绘制所有小方块
    # 以下绘制出所有小方块的编号
    for i in range(10):
        for j in range(10):
            screen.draw.text(str(stars[i][j]), (j*TILE_SIZE, i*TILE_SIZE),
                fontsize=35, color='white')

def on_mouse_down(pos, button): # 当按下鼠标键时执行
    iClicked = int(pos[1]/TILE_SIZE)#点击方块在二维数组中的行序号
    jClicked = int(pos[0]/TILE_SIZE)#点击方块在二维数组中的列序号
    # 鼠标点击的点，标记为0，对应star0.jpg正好是黑色图片
    stars[iClicked][jClicked] = 0
    updateTiles() # 根据stars更新Tiles二维数组

pgzrun.go()  # 开始执行游戏
```

11.5 连通方块序号的获取

假设鼠标点击图 11-8 a 中行序号 i=2、列序号 j=2 的方块，记为 (2,2)。

首先，找到 (2,2) 的上下左右 4 个方块，找到和其颜色一致的方块 (2,3)、(3,2)，如图 11-8 b 所示。

接着，找到 (2,3) 的上下左右 4 个方块，找到和其颜色一致的方块 (2,2)、(1,3)；找到 (3,2) 的上下左右 4 个方块，找到和其颜色一致的方块 (2,2)，如图 11-8 c 所示。

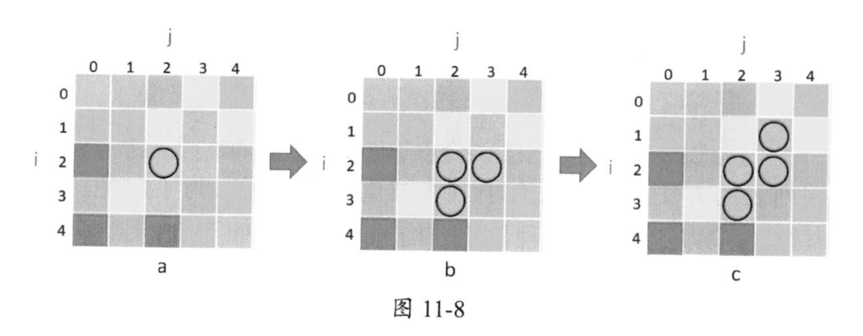

图 11-8

如此一直进行下去，直到找到与点击方块连通且颜色相同的所有小方块。

类似 (2,3) 这样写在圆括号之内的多个元素构成的数据类型，叫作元组。元组的使用方式和列表类似，不同之处是元组定义后无法修改其元素值。

代码如下：

11-5-1.py

```
t = (1,2,3,4,5)
print(t)
print(t[0])
```

运行后输出如下结果。

```
(1, 2, 3, 4, 5)
1
```

添加代码 t[2] = 0，程序报错如下所示。

```
TypeError: 'tuple' object does not support item assignment
```

tuple 即为元组的英文单词，提示信息说明元组不支持为元素赋值。

将元组作为元素添加到列表中，图 11-8 所示的寻找连通方块的过程可以表示为：

11-5-2.py

```
s = []

s.append((2,2))
print(s) # 图11-8a

s.append((2, 3))
s.append((3, 2))
print(s)  # 图11-8b

s.append((2, 2))
s.append((1, 3))
s.append((3, 2))
print(s)  # 图11-8c
```

运行后输出如下结果。

```
[(2, 2)]
[(2, 2), (2, 3), (3, 2)]
[(2, 2), (2, 3), (3, 2), (2, 2), (1, 3), (3, 2)]
```

采用列表的方法，会发现有小方块被重复输出了。为了避免一个小方块被重复添加，可以利用集合这种数据结构。修改代码如下：

11-5-3.py

```
S = set()

S.add((2, 2))
print(S)  # 图11-8a
```

```
S.add((2, 3))
S.add((3, 2))
print(S)  # 图11-8b

S.add((2, 2))
S.add((1, 3))
S.add((3, 2))
print(S)  # 图11-8c
```

运行后输出如下结果。

```
{(2, 2)}
{(3, 2), (2, 3), (2, 2)}
{(3, 2), (1, 3), (2, 3), (2, 2)}
```

其中S = set()表示创建一个空集合，S.add((2, 2))将元组(2, 2)添加到集合S中，集合会自动去除重复的元素。

集合也可直接初始化为大括号{}之内的多个元素：

11-5-4.py

```
S = {(2, 2), (2, 3), (3, 2), (1, 3)}
for s in S:
    print(s[0],s[1])
```

利用for-in形式的语句遍历集合S的所有元素s，可以输出如下所有小方块对应的行列序号。

```
3 2
1 3
2 3
2 2
```

代码11-5-5.py遍历点击方块(iClicked, jClicked)的上下左右4个方块，找到和其颜色一致的方块，放入集合connectedSet之中。对集合遍历，将颜色编号二维数组stars对应的元素值设为0，Tiles二维数组对应的图片设为黑色小方块图片，效果如图11-9所示。

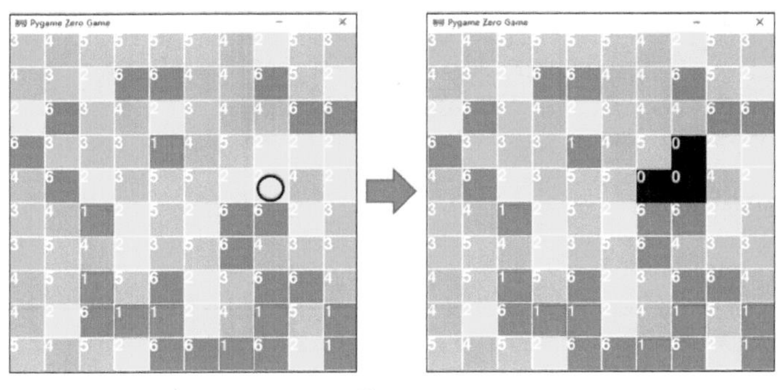

图 11-9

添加代码如下：

11-5-5.py

```
# 其他部分代码同11-4.py
def on_mouse_down(pos, button): # 当按下鼠标键时执行
    iClicked = int(pos[1]/TILE_SIZE)#点击方块在二维数组中的行序号
    jClicked = int(pos[0]/TILE_SIZE)#点击方块在二维数组中的列序号
   # 创建集合，存储选中方块及其连通的点序号
    connectedSet = {(iClicked, jClicked)}
   # 找到上下左右4个方块，把颜色一致的添加到集合中，注意防止超过边界
    colorId = stars[iClicked][jClicked]
    if iClicked > 0 and stars[iClicked-1][jClicked] == colorId:
      connectedSet.add((iClicked-1, jClicked))
    if iClicked < 9 and stars[iClicked+1][jClicked] == colorId:
      connectedSet.add((iClicked+1, jClicked))
    if jClicked > 0 and stars[iClicked][jClicked-1] == colorId:
      connectedSet.add((iClicked, jClicked-1))
    if jClicked < 9 and stars[iClicked][jClicked+1] == colorId:
      connectedSet.add((iClicked, jClicked+1))

    for each in connectedSet: # 对集合中的所有方块遍历
      stars[each[0]][each[1]] = 0 # 标记为0，对应黑色小方块图片

    updateTiles() # 根据stars更新Tiles二维数组
```

对添加后的connectedSet的所有元素继续寻找颜色一致的邻近小方块，添加到集合中。如此迭代进行，即可找到与点击方块所有连通的同颜色方块，如图11-10所示。

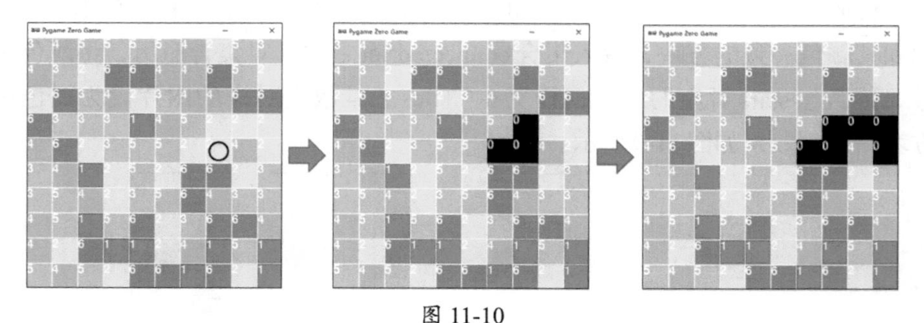

图 11-10

完整代码如下：

11-5-6.py

```
import pgzrun  # 导入游戏库
import random  # 导入随机库
import copy # 导入复制库
```

```
TILE_SIZE = 50  # 小方块的大小，50×50
WIDTH = 10*TILE_SIZE  # 设置窗口的宽度为500
HEIGHT = 10*TILE_SIZE  # 设置窗口的高度为500

stars = [] # 二维数组，初始为空列表，用于储存小方块颜色编号
for i in range(10):  # 对行遍历
    row = []  # 存储一行的数据，初始为空列表
    for j in range(10):  # 对列遍历
        x = random.randint(1, 6) # 取1-6的随机数
        row.append(x)  # 把数据添加到行列表row中
    stars.append(row)  # 再把行列表row添加到二维数组stars中

Tiles = []  # 二维数组，初始为空列表，存放所有小方块图片信息
def updateTiles():  # 根据stars更新Tiles二维数组
    for i in range(10):
        for j in range(10):
            # 对应小方块图片初始化
            tile = Actor('star'+str(stars[i][j]))
            tile.left = j * TILE_SIZE  # 小方块图片最左边的x坐标
            tile.top = i * TILE_SIZE  # 小方块图片最顶部的y坐标
            Tiles.append(tile)  # 将当前小方块加入列表中
updateTiles()  # 根据stars更新Tiles二维数组

def draw():   # 绘制模块，每帧重复执行
    screen.clear()  # 每帧清除屏幕，便于重新绘制
    for tile in Tiles:
        tile.draw()  # 绘制所有小方块
    # 以下绘制出所有小方块的编号
    for i in range(10):
        for j in range(10):
            screen.draw.text(str(stars[i][j]), (j*TILE_SIZE,
                   i*TILE_SIZE), fontsize=35, color='white')

def on_mouse_down(pos, button): # 当按下鼠标键时执行
    iClicked = int(pos[1]/TILE_SIZE)#点击方块在二维数组中的行序号
    jClicked = int(pos[0]/TILE_SIZE)#点击方块在二维数组中的列序号
    # 创建集合，存储选中方块及其连通的点序号
    connectedSet = {(iClicked, jClicked)}
    for k in range(20):  # 重复找多次，就可以把所有连通区域都找到了
        tempSet = copy.deepcopy(connectedSet) # 复制一个临时集合
        for each in tempSet: # 对集合中所有小方块处理
            i = each[0]  # 小方块对应的行序号
            j = each[1]  # 小方块对应的列序号
            # 找到上下左右4个方块，把颜色一致的添加到集合中
            colorId = stars[i][j]
            if i > 0 and stars[i-1][j] == colorId:
                connectedSet.add((i-1, j))
            if i < 9 and stars[i+1][j] == colorId:
                connectedSet.add((i+1, j))
            if j > 0 and stars[i][j-1] == colorId:
```

```
                connectedSet.add((i, j-1))
            if j < 9 and stars[i][j+1] == colorId:
                connectedSet.add((i, j+1))
        tempSet.clear() # 临时集合清空

    for each in connectedSet:  # 对集合中的所有方块遍历
        stars[each[0]][each[1]] = 0  # 标记为0，对应黑色小方块图片

    updateTiles() # 根据stars更新Tiles二维数组

pgzrun.go()  # 开始执行游戏
```

每一次迭代时，首先利用tempSet = copy.deepcopy(connectedSet)复制一个临时集合（需要导入复制库import copy），然后对临时集合tempSet中所有的元素遍历，将每一个小方块邻近同颜色的小方块添加到connectedSet中。

提示　除了列表、元组、集合外，Python还有一种常用的数据结构叫字典，其元素由键（key）和对应的值（value）组成。

利用3.3节中讲解的三原色原理，我们可以进行以下的定义：

```
colors={'black':(0,0,0),'white':(255,255,255),'red':(255,0,0)}
```

其中'black'是一个“键”，冒号后的(0,0,0)就是其对应的“值”，多组“键-值”对由逗号分隔，写在大括号之中，就定义了字典colors。

定义之后，我们可以通过print(colors)语句输出整个字典，结果如下所示。

```
{'black': (0, 0, 0), 'white': (255, 255, 255), 'red': (255, 0, 0)}
```

也可以执行print(colors['white'])语句，通过特定的“键”访问字典对应的“值”，结果如下所示。

```
(255, 255, 255)
```

和列表、元组不同，字典的“键”不仅可以是整数，也可以是任意数据类型。字典也可以进行修改与增加：

11-5-7.py

```
roles = {'师傅': '唐僧','大师兄': '孙悟空', '二师兄': '猪八戒' }
print(roles)
roles['三师弟'] = '沙僧'
print(roles)
```

运行后输出如下结果。

```
{'师傅': '唐僧', '大师兄': '孙悟空', '二师兄': '猪八戒'}
{'师傅': '唐僧', '大师兄': '孙悟空', '二师兄': '猪八戒', '三师弟': '沙僧'}
```

11.6 方块的消失及位置更新

首先利用len函数求出连通集合connectedSet的元素个数，当小方块个数大于等于2时，消除这些小方块：

```
if len(connectedSet) >= 2:  # 连通方块个数最少两个，才能被消除
    for each in connectedSet:  # 集合中的所有方块
        stars[each[0]][each[1]] = 0 # 标记为0，正好是黑色图片
        updateTiles() # 根据stars更新Tiles二维数组
```

对任一列10个小方块从下往上遍历，如果下面一个小方块的颜色序号为0，则上面的小方块依次向下移动，如图11-11所示。

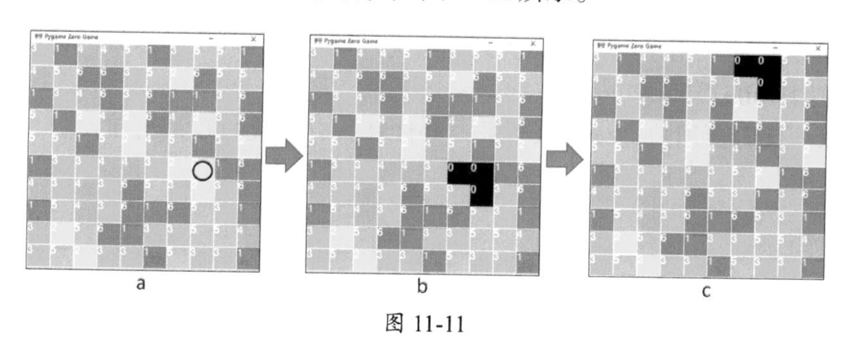

图 11-11

对于存储小方块颜色序号的二维数组stars，首先构建临时列表templist存储stars *j*号列的10个元素：

```
templist = []  # 存储j号列的所有元素的列表
for i in range(10):
    templist.append(stars[i][j])
```

对于图11-11 b所示的7号列，我们有：

```
templist = [5, 6, 1, 2, 1, 0, 0, 5, 5, 3]
```

处理之后的结果如图11-11 c中7号列所示，列表为：

```
templist = [0, 0, 5, 6, 1, 2, 1, 5, 5, 3]
```

利用while循环语句，list.remove()、list.insert()函数，可以实现上述要求：

11-6-1.py

```
templist = [5, 6, 1, 2, 1, 0, 0, 5, 5, 3]
print(templist) # 原始列表

count = 0 # 记录列表中0元素的个数
```

```
while 0 in templist:
    templist.remove(0)
    count += 1
print(templist) # 去除列表中的0元素

for i in range(count):
    templist.insert(0, 0)
print(templist) # 把对应0元素移动到列表起始位置
```

运行后输出如下结果。

```
[5, 6, 1, 2, 1, 0, 0, 5, 5, 3]
[5, 6, 1, 2, 1, 5, 5, 3]
[0, 0, 5, 6, 1, 2, 1, 5, 5, 3]
```

for语句一般用于已知循环次数的情况，而对于循环次数未知的情况，则一般使用while循环语句。

以下代码让用户连续输入整数，并计算所有整数的和，当和大于100时，程序结束：

11-6-2.py

```
s = 0
while (s<=100):
    n = int(input('请输入整数：'))
    s +=n
print('输入整数和'+str(s)+'大于100，程序结束')
```

while ()表示括号内的表达式为真时，冒号后的语句循环执行；表达式为假时，while循环语句结束。程序示例输入输出如下。

```
请输入整数：30
请输入整数：50
请输入整数：40
输入整数和120大于100，程序结束
```

练习 11-3

利用while语句求解1+2+3+……+100的值。

代码11-6-1.py中list.remove(x)可以删除列表list中一个值为x的元素。当templist中还有0元素时，循环执行删除元素指令，即可删除templist中的所有0元素：

```
while 0 in templist:
    templist.remove(0)
```

回顾9.2节中的讲解，list.insert(0,x)可以把*x*元素添加为列表list的0号元素。以下代码可以把count个0元素添加到templist的起始位置：

```
for i in range(count):
    templist.insert(0, 0)
```

更新代码如下：

11-6-3.py

```
# 其他部分代码同11-5-6.py
def on_mouse_down(pos, button): # 当按下鼠标键时执行

    if len(connectedSet) >= 2:  # 连通方块个数最少两个，才能被消除
        for each in connectedSet:  # 对集合中的所有方块遍历
            stars[each[0]][each[1]] = 0  # 标记为0、黑色图片
# 从下往上遍历，下面一个是0的话，上面的小色块就往下落
# 最顶上的空出来，变成黑色
    for j in range(10):
        templist = []  # 存储j号列的所有元素的列表
        for i in range(10):
            templist.append(stars[i][j])
        count = 0  # 记录列表中值为0的元素个数
        # 去除列表中的0元素
        while 0 in templist:
            templist.remove(0)
            count += 1
        # 把对应0元素移动到列表起始位置
        for i in range(count):
            templist.insert(0, 0)
        # 再赋值给原始的二维数组
        for i in range(10):
            stars[i][j] = templist[i]
```

11.7 得分的计算与显示

定义变量score统计消去的方块数，并在draw()函数中显示：

```
score = 0 # 得分
def draw():  # 绘制模块，每帧重复执行
    screen.draw.text("消除方块："+str(score), (180, 510),
        fontsize=25, fontname='s', color='red')
```

每消去一个方块，得分加1：

```
def on_mouse_down(pos, button): # 当按下鼠标键时执行
    global score
```

```
if len(connectedSet) >= 2:  # 连通方块个数最少两个，才能被消除
    for each in connectedSet:  # 集合中的所有方块
        if stars[each[0]][each[1]] != 0:
            stars[each[0]][each[1]] = 0  # 标记为0
            score = score + 1  # 得分等于消去的方块数目
```

完整代码参看 11-7.py，实现效果如图 11-12 所示。

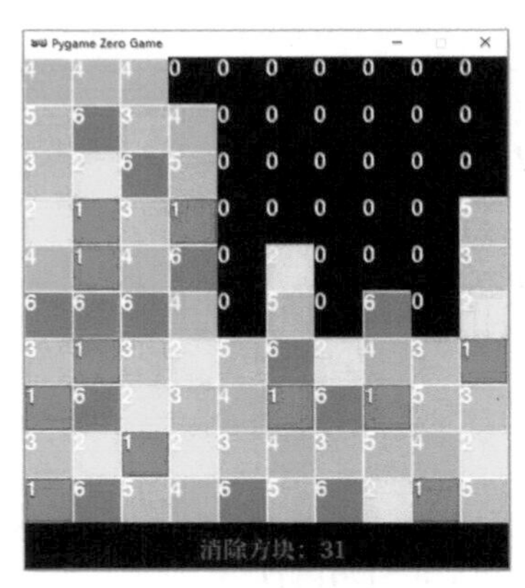

图 11-12

11.8　右边的列向左移动

当左边某一列完全消除时，则右边的列依次向左移动。实现效果如图 11-13 所示，完整代码参看 11-8.py，读者可以尝试理解相应的代码。

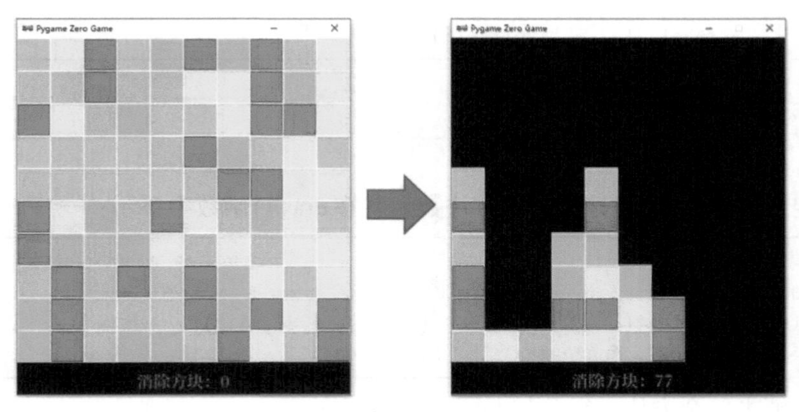

图 11-13

相应的代码如下：

11-8.py

```
import pgzrun  # 导入游戏库
import random  # 导入随机库
import copy  # 导入复制库

TILE_SIZE = 50  # 小方块的大小，50×50
WIDTH = 10*TILE_SIZE  # 设置窗口的宽度为500
HEIGHT = 11*TILE_SIZE  # 设置窗口的高度为550
score = 0 # 得分

stars = []  # 二维数组，初始为空列表，用于储存小方块编号
for i in range(10):  # 对行遍历
    row = []  # 存储一行的数据，初始为空列表
    for j in range(10):  # 对列遍历
        x = random.randint(1, 5) # 取1-5的随机数
        row.append(x)  # 把数据添加到行列表row中
    stars.append(row)  # 再把行列表row添加到二维数组stars中

Tiles = []  # 二维数组，初始为空列表，存放所有小方块图片信息
def updateTiles():  # 根据stars更新Tiles二维数组
    for i in range(10):
        for j in range(10):
            tile = Actor('star'+str(stars[i][j]))#小方块图片初始化
            tile.left = j * TILE_SIZE  # 小方块图片最左边的x坐标
            tile.top = i * TILE_SIZE  # 小方块图片最顶部的y坐标
            Tiles.append(tile)  # 将当前小方块加入列表中
updateTiles()  # 根据stars更新Tiles二维数组

def draw():   # 绘制模块，每帧重复执行
    screen.clear()  # 每帧清除屏幕，便于重新绘制
    for tile in Tiles:
        tile.draw()  # 绘制所有小方块
    screen.draw.text("消除方块："+str(score), (180, 510), fontsize=25,
            fontname='s', color='red')

def on_mouse_down(pos, button): # 当按下鼠标时执行
    global score
    iClicked = int(pos[1]/TILE_SIZE) #点击方块在二维数组中的行序号
    jClicked = int(pos[0]/TILE_SIZE) #点击方块在二维数组中的列序号
    # 创建集合，存储选中方块及其连通的点序号
    connectedSet = {(iClicked, jClicked)}
    for k in range(20):  # 重复找多次，就可以把所有连通区域都找到了
        tempSet = copy.deepcopy(connectedSet) # 复制一个临时集合
        for each in tempSet: # 对集合中所有小方块处理
            i = each[0]  # 小方块对应的行序号
```

```
        j = each[1]  # 小方块对应的列序号
        #  找到上下左右4个方块，把颜色一致的添加到集合中
        #  注意数组下标不要越界
        colorId = stars[i][j]
        if i > 0 and stars[i-1][j] == colorId:
            connectedSet.add((i-1, j))
        if i < 9 and stars[i+1][j] == colorId:
            connectedSet.add((i+1, j))
        if j > 0 and stars[i][j-1] == colorId:
            connectedSet.add((i, j-1))
        if j < 9 and stars[i][j+1] == colorId:
            connectedSet.add((i, j+1))
    tempSet.clear() # 临时集合清空

if len(connectedSet) >= 2:  # 连通方块个数最少两个，才能被消除
    for each in connectedSet:  # 对集合中的所有方块遍历
        if stars[each[0]][each[1]] != 0:
            # 标记为0，对应黑色小方块图片
            stars[each[0]][each[1]] = 0
            score = score + 1  # 得分等于消去的方块数目

# 从下往上遍历，下面一个是0的话，上面的小色块就往下落
# 最顶上的空出来，变成黑色
for j in range(10):
    templist = []  # 存储j号列的所有元素的列表
    for i in range(10):
        templist.append(stars[i][j])
    count = 0  # 记录列表中值为0的元素个数
    # 去除列表中的0元素
    while 0 in templist:
        templist.remove(0)
        count += 1
    # 把对应0元素移动到列表起始位置
    for i in range(count):
        templist.insert(0, 0)
    # 再赋值给原始的二维数组
    for i in range(10):
        stars[i][j] = templist[i]

# 如果某一列都消除了，则右边列的方块向左移
zeroColId = -1
for j in range(10):
    templist = []  # 存储j号列的所有元素的列表
    for i in range(10):
        templist.append(stars[i][j])
    if sum(templist) == 0:
```

```
                zeroColId = j  # 这一列都为0了
                break
        if zeroColId != -1:  # 表示这一列元素都为0了
            for j in range(zeroColId, 9, 1):  # 所有右边的列向左移动
                for i in range(10):
                    stars[i][j] = stars[i][j+1]
            for i in range(10):  # 最右边的一列都是0
                stars[i][9] = 0

    updateTiles()  # 根据stars更新Tiles二维数组

pgzrun.go()  # 开始执行游戏
```

11.9 小结

这一章我们主要制作了消灭星星游戏，学习了二维数组、元组、集合、while循环语句等知识。读者可以尝试在本章代码的基础上继续改进：

1. 实现游戏结束的判断（也就是剩下的方块何时不能继续消除）；
2. 实现某一步操作的撤销功能（类似于下棋游戏中的悔棋功能）。

读者也可以参考本章的开发思路，尝试设计并分步骤实现五子棋、泡泡堂、消消乐等小游戏。

第12章 坚持一百秒

本章我们将编写一个坚持一百秒的游戏，玩家通过鼠标控制飞机躲避飞舞的小球，效果如图12-1所示。我们首先学习面向对象编程的知识，利用类和对象实现一个新版本的小球反弹程序；然后实现飞机控制与失败判定、生命显示、游戏音效等功能；最后学习继承的概念，并快速添加一种新的智能小球。

本章案例的最终代码一共99行，代码参看“配套资源\第12章\12-4.py”，视频效果参看“配套资源\第12章\坚持一百秒.mp4”。

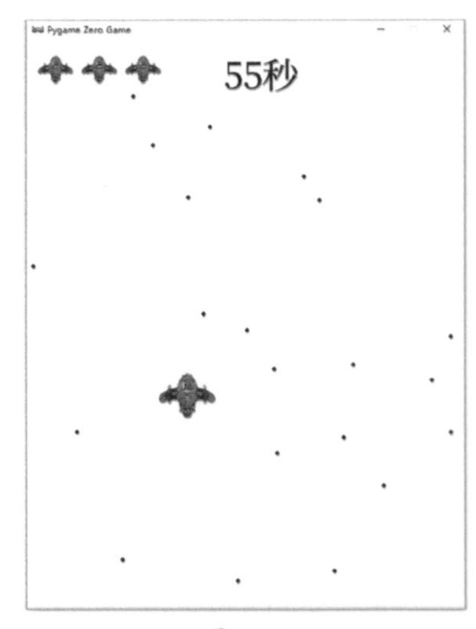

图 12-1

12.1 面向对象版本的小球反弹

回顾4.3节中实现的小球反弹程序，程序的可读性比较差：

*4-3-1.py*部分代码

```
def draw():   # 绘制模块，每帧重复执行
    # 绘制一个填充圆
    screen.draw.filled_circle( (ball[0], ball[1]), ball[4],
                             (ball[5], ball[6], ball[7]))
def update():  # 更新模块，每帧重复操作
    ball[0] = ball[0] + ball[2]   # 利用x方向速度更新x坐标
    ball[1] = ball[1] + ball[3]   # 利用y方向速度更新y坐标
    # 当小球碰到左右边界时，x方向速度反向
    if ball[0] > WIDTH-ball[4] or ball[0] < ball[4]:
        ball[2] = -ball[2]
    # 当小球碰到上下边界时，y方向速度反向
    if ball[1] > HEIGHT-ball[4] or ball[1] < ball[4]:
        ball[3] = -ball[3]
```

针对这一问题，我们可以利用面向对象的编程方法，首先定义一个叫"类"的数据类型：

```
class Ball: # 定义小球类
    x = WIDTH/2  # 小球的x坐标
    y = HEIGHT/2  # 小球的y坐标
    vx = 3  # 小球x方向的速度
    vy = 5  # 小球y方向的速度
    radius = 30  # 小球的半径
    color = 'red'  # 小球的颜色
```

其中关键字Class是类的英文单词，Ball是定义的类的名字，冒号后面写的是类的成员变量。

定义了Ball类之后，我们就可以利用Ball来定义一个对象：

```
ball = Ball()
```

ball可以理解为一种Ball类型的变量，可以通过如下形式访问ball的成员变量：

```
print(ball.x)
ball.vx = 2
ball.color = 'blue'
```

利用类和对象的知识，可以对代码4-3-1.py进行改进，改进后代码的可读性明显提升：

12-1-1.py

```
import pgzrun  # 导入游戏库
WIDTH = 800   # 设置窗口的宽度
HEIGHT = 600  # 设置窗口的高度

class Ball: # 定义小球类
    x = WIDTH/2  # 小球的x坐标
    y = HEIGHT/2  # 小球的y坐标
    vx = 3  # 小球x方向的速度
    vy = 5  # 小球y方向的速度
    radius = 30  # 小球的半径
    color = 'red'  # 小球的颜色

ball = Ball() # 定义ball对象

def draw():   # 绘制模块，每帧重复执行
    screen.fill('white')  # 白色背景
    # 绘制一个填充圆，坐标为(x,y)，半径为r，颜色随机
    screen.draw.filled_circle((ball.x, ball.y),
                              ball.radius, ball.color)

def update():  # 更新模块，每帧重复操作
    ball.x += ball.vx    # 利用x方向速度更新x坐标
    ball.y += ball.vy    # 利用y方向速度更新y坐标
    # 当小球碰到左右边界时，x方向速度反向
    if ball.x > WIDTH-ball.radius or ball.x < ball.radius:
        ball.vx = -ball.vx
    # 当小球碰到上下边界时，y方向速度反向
    if ball.y > HEIGHT-ball.radius or ball.y < ball.radius:
        ball.vy = -ball.vy

pgzrun.go()   # 开始执行游戏
```

类中除了存放成员变量，还可以定义各种函数。如和小球密切相关的绘制功能，我们可以在Ball中定义一个draw()成员函数，定义格式如下：

```
class Ball: # 定义小球类

    def draw(self):
        # 绘制一个填充圆，坐标为(x,y)，半径为radius，颜色为color
        screen.draw.filled_circle((self.x, self.y),
                                  self.radius, self.color)
```

self为默认参数，是自身的意思，在成员函数内部可以通过self.x的形式访问成员变量。定义了对象后，调用对象成员函数的方式与访问成员变量的类似：

```
ball.draw()   # 绘制小球
```

同样，小球速度、位置更新的功能，也可以定义为Ball的一个update()成员函数。我们将和小球密切相关的数据（变量）、方法（函数）都封装在一起，让程序的可读性更好，也更符合人们认知事物的习惯。

改进后的代码如下所示：

12-1-2.py

```
import pgzrun  # 导入游戏库
WIDTH = 800    # 设置窗口的宽度
HEIGHT = 600  # 设置窗口的高度

class Ball: # 定义小球类
    x = WIDTH/2  # 小球的x坐标
    y = HEIGHT/2  # 小球的y坐标
    vx = 3  # 小球x方向的速度
    vy = 5  # 小球y方向的速度
    radius = 30  # 小球的半径
    color = 'red'  # 小球的颜色

    def draw(self):
        # 绘制一个填充圆，坐标为(x,y)，半径为radius，颜色为color
        screen.draw.filled_circle((self.x, self.y), self.radius, self.color)

    def update(self): # 更新小球的位置、速度
        self.x += self.vx   # 利用x方向速度更新x坐标
        self.y += self.vy   # 利用y方向速度更新y坐标
        # 当小球碰到左右边界时，x方向速度反向
        if self.x > WIDTH-self.radius or self.x < self.radius:
            self.vx = -self.vx
        # 当小球碰到上下边界时，y方向速度反向
        if self.y > HEIGHT-self.radius or self.y < self.radius:
            self.vy = -self.vy

ball = Ball() # 定义ball对象

def draw():   # 绘制模块，每帧重复执行
    screen.fill('white')  # 白色背景
    ball.draw()   # 绘制小球

def update():  # 更新模块，每帧重复操作
    ball.update()  # 更新小球的位置、速度

pgzrun.go()   # 开始执行游戏
```

类有一个特殊的成员函数，叫作构造函数，其在创建对象时自动调用，并使用__init()__的名称（开头和末尾各有两个下划线）。示例代码如下：

```
class Ball: # 定义小球类
    x = None  # 小球的x坐标
    y = None  # 小球的y坐标
    vx = None  # 小球x方向的速度
    vy = None  # 小球y方向的速度
    radius = None  # 小球的半径
    color = None  # 小球的颜色

    # 使用构造函数传递参数对对象初始化
    def __init__(self,x,y,vx,vy,radius,color):
        self.x = x
        self.y = y
        self.vx = vx
        self.vy = vy
        self.radius = radius
        self.color = color
```

其中None为Python的常数，表示为空值。构造函数括号内接受的参数self是自身的意思，下面的赋值语句self.x = x表示把参数x的值赋给对象自己的成员变量x。定义好构造函数后，可以采用下面的代码来初始化对象：

```
ball = Ball(WIDTH/2, HEIGHT/2,3,5,30,'red')  # 定义ball对象
```

完整代码可参考12-1-3.py。

练习 12-1

Ball对象列表与一般列表的使用方法类似，读者可以尝试用面向对象的方法，重构代码4-4.py中鼠标互动生成多个小球反弹的程序，效果如图12-2所示。

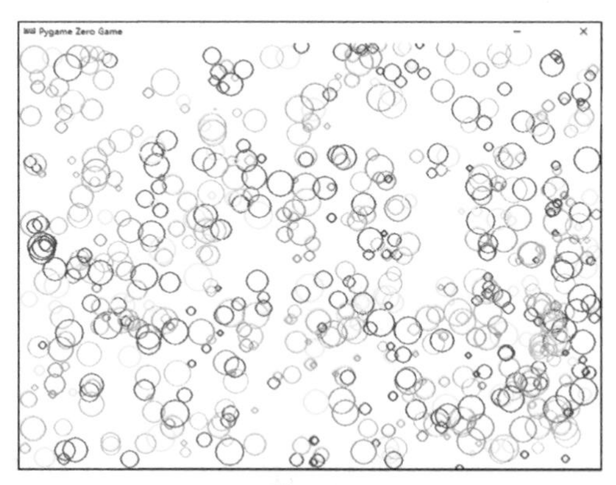

图 12-2

12.2　每秒生成一个小球

利用在9.10节学习的知识，本节将实现每秒增加一个小球，这样躲避小球的难度逐渐增大，游戏的可玩性也更好。参考图12-1所示的效果，以下代码修改了窗口大小、小球半径、速度、颜色等参数：

12-2.py

```
import pgzrun  # 导入游戏库
import random  # 导入随机库
WIDTH = 600   # 设置窗口的宽度
HEIGHT = 800  # 设置窗口的高度
time = 0  # 游戏坚持的时间

class Ball: # 定义小球类
    x = None  # 小球的x坐标
    y = None  # 小球的y坐标
    vx = None  # 小球x方向的速度
    vy = None  # 小球y方向的速度
    radius = None  # 小球的半径
    color = None  # 小球的颜色

    # 使用构造函数传递参数对对象初始化
    def __init__(self,x,y,vx,vy,radius,color):
        self.x = x
        self.y = y
        self.vx = vx
        self.vy = vy
        self.radius = radius
        self.color = color

    def draw(self): # 绘制函数
        # 绘制一个填充圆，坐标为(x,y)、半径为radius、颜色为color
        screen.draw.filled_circle((self.x, self.y), self.radius, self.color)

    def update(self): # 更新小球的位置、速度
        self.x += self.vx   # 利用x方向速度更新x坐标
        self.y += self.vy   # 利用y方向速度更新y坐标
        # 当小球碰到左右边界时，x方向速度反向
        if self.x > WIDTH-self.radius or self.x < self.radius:
            self.vx = -self.vx
        # 当小球碰到上下边界时，y方向速度反向
        if self.y > HEIGHT-self.radius or self.y < self.radius:
            self.vy = -self.vy
```

```
balls = []  # 存储所有小球的信息，初始为空列表

def draw():   # 绘制模块，每帧重复执行
    screen.fill('white')  # 白色背景
    for ball in balls:
        ball.draw()   # 绘制小球

def update():  # 更新模块，每帧重复操作
    for ball in balls:
        ball.update()  # 更新小球的位置、速度

def count(): # 此函数每秒运行一次
    global time
    time += 1 # 计时，每秒时间+1
    # 每隔1s，加一个小球，并且小球数目不超过20
    if time % 1 == 0 and len(balls) <= 20:
        x = WIDTH//2   # 设为小球的x坐标
        y = random.randint(5, HEIGHT//10)   # 设为小球的y坐标
        vx = random.choice([-3, -2, -1, 1, 2, 3])#小球x方向的速度
        vy = random.randint(1, 3)  # 小球y方向的速度
        r = 3      # 小球的半径
        color = 'black'  # 小球的颜色
        ball = Ball(x, y, vx, vy, r, color)  # 定义ball对象
        balls.append(ball)  # 把该小球的信息添加到balls中
    clock.schedule_unique(count, 1) #下一次隔1s调用count()函数

count()  # 调用函数运行
pgzrun.go()   # 开始执行游戏
```

12.3　飞机控制与失败判定

这一节，我们首先添加飞机图片，使其显示并跟随鼠标移动：

```
hero = Actor('hero')  # 导入玩家飞机图片
def draw():   # 绘制模块，每帧重复执行
    hero.draw()  # 绘制玩家飞机
def on_mouse_move(pos, rel, buttons):  # 当鼠标移动时执行
    hero.x = pos[0]  # 玩家飞机的x坐标设为鼠标的x坐标
    hero.y = pos[1]  # 玩家飞机的y坐标设为鼠标的y坐标
```

添加生命值变量，并设置其初始值为1：

```
live = 1 # 飞机一共1条命
```

当飞机和任一小球碰撞时，live减1，live等于0，飞机图片切换为爆炸图片：

```
def update():  # 更新模块，每帧重复操作
    global live
    if live <=0: # 没有生命了，函数返回，不再执行
        return
    for ball in balls:
        ball.update()  # 更新小球的位置、速度
        # 玩家飞机和小球碰撞
        if abs(hero.x - ball.x) < 25 and abs(hero.y - ball.y) < 30:
            live -= 1 # 生命减1
    if live <= 0: # 生命减完了
        hero.image = 'blowup'  # 更换玩家飞机的图片为爆炸图片
```

在draw()函数中也可以显示计时变量和游戏失败后的提示文字：

```
def draw():   # 绘制模块，每帧重复执行
    screen.draw.text(str(time)+'秒', (270, 10), fontsize=50,
                     fontname='s', color='black')
    if live<=0:
        clock.unschedule(count)  # 结束函数的计划执行任务
        screen.draw.text("游戏结束！", (80, 300),
               fontsize=100, fontname='s', color='red')
```

完整代码可参看12-3.py，实现效果如图12-3所示。

图 12-3

12.4 生命显示与游戏音效

这一节，我们让飞机一共有3条命，并在左上角显示3个飞机图片进行表示：

```
live = 3 # 飞机一共3条命
livePics = []  # 在左上角显示生命符号
```

```
for i in range(live):
    livePic = Actor('hero_small')
    livePic.x = 40 + i*60
    livePic.y = 40
    livePics.append(livePic)
def draw():   # 绘制模块，每帧重复执行
    for i in range(live): # 绘制还有几条生命
        livePics[i].draw()
```

效果如图 12-4 所示。

图 12-4

另外，参考7.7节中的方法为游戏添加各种音效、完善游戏结束后的处理，完整代码如下：

*12-4.py*部分代码

```
import pgzrun  # 导入游戏库
import random  # 导入随机库
WIDTH = 600   # 设置窗口的宽度
HEIGHT = 800  # 设置窗口的高度
time = 0  # 游戏坚持的时间
hero = Actor('hero')  # 导入玩家飞机图片
live = 3 # 飞机一共3条命

livePics = []  # 在左上角显示生命符号
for i in range(live):
    livePic = Actor('hero_small')
    livePic.x = 40 + i*60
    livePic.y = 40
    livePics.append(livePic)

class Ball: # 定义小球类
    x = None  # 小球的x坐标
    y = None  # 小球的y坐标
    vx = None  # 小球x方向的速度
    vy = None  # 小球y方向的速度
    radius = None  # 小球的半径
    color = None  # 小球的颜色

    # 使用构造函数传递参数对对象初始化
    def __init__(self,x,y,vx,vy,radius,color):
        self.x = x
```

```
        self.y = y
        self.vx = vx
        self.vy = vy
        self.radius = radius
        self.color = color

    def draw(self): # 绘制函数
        # 绘制一个填充圆，坐标为(x,y)，半径为radius，颜色为color
        screen.draw.filled_circle((self.x, self.y),
                                  self.radius, self.color)

    def update(self): # 更新小球的位置、速度
        self.x += self.vx   # 利用x方向速度更新x坐标
        self.y += self.vy   # 利用y方向速度更新y坐标
        # 当小球碰到左右边界时，x方向速度反向
        if self.x > WIDTH-self.radius or self.x < self.radius:
            self.vx = -self.vx
        # 当小球碰到上下边界时，y方向速度反向
        if self.y > HEIGHT-self.radius or self.y < self.radius:
            self.vy = -self.vy

balls = []  # 存储所有小球的信息，初始为空列表

def draw():   # 绘制模块，每帧重复执行
    screen.fill('white')  # 白色背景
    hero.draw()  # 绘制玩家飞机
    for i in range(live): # 绘制还有几条生命
        livePics[i].draw()
    for ball in balls:
        ball.draw()   # 绘制小球
    screen.draw.text(str(time)+'秒', (270, 10), fontsize=50,
                     fontname='s', color='black')
    if live<=0:
        clock.unschedule(count)  # 结束函数的计划执行任务
        screen.draw.text("游戏结束！", (80, 300),
              fontsize=100, fontname='s', color='red')

def update():  # 更新模块，每帧重复操作
    global live
    if live <=0: # 没有生命了，函数返回，不再执行
        return
    for ball in balls:
        ball.update()  # 更新小球的位置、速度
        # 玩家飞机和小球碰撞
        if abs(hero.x - ball.x) < 25 and abs(hero.y - ball.y) < 30:
            live -= 1 # 生命减1
            sounds.explode.play() # 爆炸一条命的音效
            ball.y = 10 # 当前小球立刻远离飞机，防止重复碰撞
```

```
    if live <= 0: # 生命减完了
        hero.image = 'blowup'  # 更换玩家飞机的图片为爆炸图片
        sounds.boom.play()  # 播放玩家飞机爆炸音效

def on_mouse_move(pos, rel, buttons):  # 当鼠标移动时执行
    if live > 0:  # 生命数大于0才执行
        hero.x = pos[0]  # 玩家飞机的x坐标设为鼠标的x坐标
        hero.y = pos[1]  # 玩家飞机的y坐标设为鼠标的y坐标

def count(): # 此函数每秒运行一次
    global time
    time += 1 # 计时，每秒钟时间+1
    # 每隔2s，加一个小球，并且小球数目不超过20
    if time % 2 == 0 and len(balls) <= 20:
        x = WIDTH//2   # 设为小球的x坐标
        y = random.randint(5, HEIGHT//10)   # 设为小球的y坐标
        vx = random.choice([-3,-2,-1,1,2,3]) # 小球x方向的速度
        vy = random.randint(1, 3)  # 小球y方向的速度
        r = 3       # 小球的半径
        color = 'black'  # 小球的颜色
        ball = Ball(x, y, vx, vy, r, color)  # 定义ball对象
        balls.append(ball)  # 把该小球的信息添加到balls中
        sounds.throw.play()
    clock.schedule_unique(count, 1) # 下一次隔1s调用count()函数

count()  # 调用函数运行
pgzrun.go()   # 开始执行游戏
```

12.5　添加智能小球

代码12-4.py中的小球只会简单的反弹，我们希望添加一种有一定智能的小球SmartBall，其可以自动朝向玩家控制的飞机移动。

定义新类SmartBall不需要从头开始写代码，可以充分利用Ball类中已有的属性（成员变量）和方法（成员函数），只需添加新的属性、方法即可，这个过程叫作继承。SmartBall类定义代码如下：

```
class SmartBall(Ball): # 定义聪明小球类，继承Ball
    targetX = None
    targetY = None
    # 使用构造函数传递参数将对象初始化
    def __init__(self,x,y,vx,vy,radius,color,targetX,targetY):
        super().__init__(x, y, vx, vy, radius, color)
        self.targetX = targetX
        self.targetY = targetY
```

```
    # 根据目标位置更新小球速度
    def updateVelforTarget(self):
        if self.targetX > self.x:
            self.vx = random.randint(1, 2)
        elif self.targetX < self.x:
            self.vx = random.randint(-2, -1)
        if self.targetY > self.y:
            self.vy = random.randint(1, 2)
        elif self.targetY < self.y:
            self.vy = random.randint(-2, -1)
```

其中class SmartBall(Ball)表示定义的新类SmartBall是Ball的子类，Ball是SmartBall的父类。

targetX、targetY为SmartBall中新增的两个成员变量，代表要瞄准飞机的坐标。Ball类定义的x、y、vx、vy、radius、color成员变量，SmartBall均继承了下来，可以直接使用。SmartBall的构造函数首先调用父类的构造函数，形式为super().__init__，然后再对新增的成员变量赋值即可。

Ball类定义的draw()、update()成员函数，SmartBall对象均可以调用。另外，SmartBall新增了updateVelforTarget()函数，用于根据目标飞机和当前小球的相对位置，得到小球对应的速度。

练习12-2

尝试利用新定义的SmartBall类，改进坚持一百秒的游戏，实现效果如图12-5所示，红色小球即为可以主动向飞机靠近的SmartBall对象。

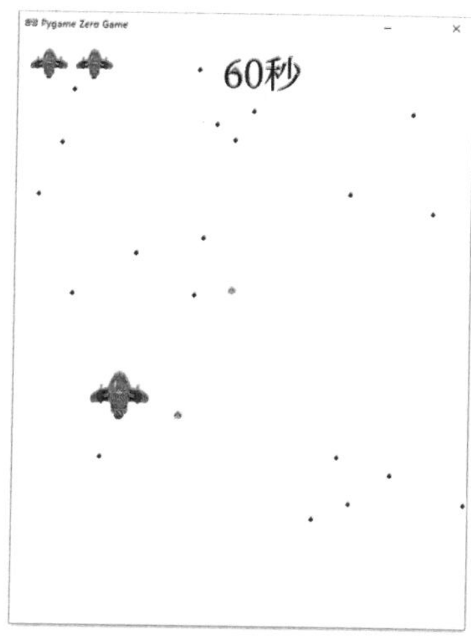

图 12-5

提示　希望当用户按键后，游戏才开始运行，可以修改代码如下：

```
def on_key_down():  # 当按下任意键盘键时执行
    count()  # 计时函数运行、游戏正式开始
```

练习 12-3

尝试利用面向对象的知识，封装代码8-8-3.py中的角色行走动画功能，并定义两个不同的角色对象，实现图12-6所示的控制效果。

图 12-6

12.6　小结

这一章我们主要学习了面向对象编程，包括类和对象、成员变量、成员函数、构造函数、继承等概念，利用这些知识改进了小球反弹程序、实现了坚持一百秒的游戏。读者可以尝试在本章代码的基础上继续改进：

1. 根据游戏结束时得分的不同显示不同的结束效果；
2. 游戏结束时增加重玩的选项；
3. 利用继承定义道具类，吃到道具后可以加一条命或使小球速度减慢；
4. 碰撞后给飞机一段时间的无敌状态（不会再次碰撞）。

读者也可以尝试应用面向对象的知识，改进之前章的游戏案例。如可以构建一个基础的飞机类，包括位置、速度、血量、图片、子弹数等成员变量，显示、更新位置速度、伤害减血、发射子弹等成员函数；然后可以利用继承实现多种我机、敌机效果，制作更加有趣的飞机大战游戏。

第 13 章 趣味图像生成

本章我们将学习Python的第三方图像处理库Pillow，并编写代码生成一些趣味图像，效果如图13-1所示。我们首先学习图像文件的打开与显示、图像的剪裁与保存，接着学习图像的复制与粘贴、像素颜色的读写，最后实现随机互动的风格图片生成。

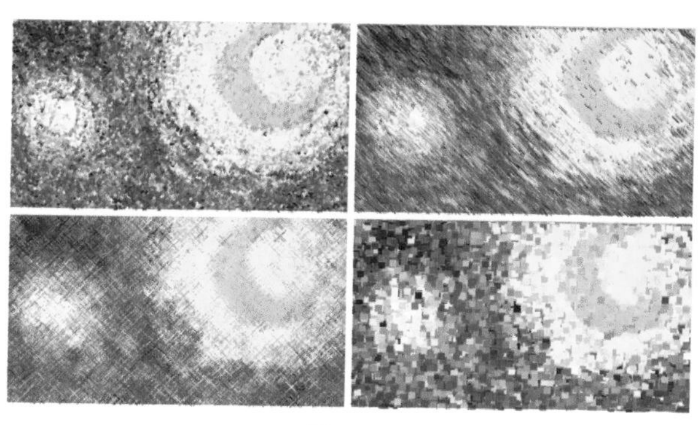

图 13-1

本章案例的最终代码一共70行，代码参看“配套资源\第13章\13-5-3.py”，视频效果参看“配套资源\第13章\趣味图片生成.mp4”。

13.1　图像文件的打开与显示

首先在海龟编辑器中选择“库管理”，搜索“Pillow”进行安装，如图13-2所示。

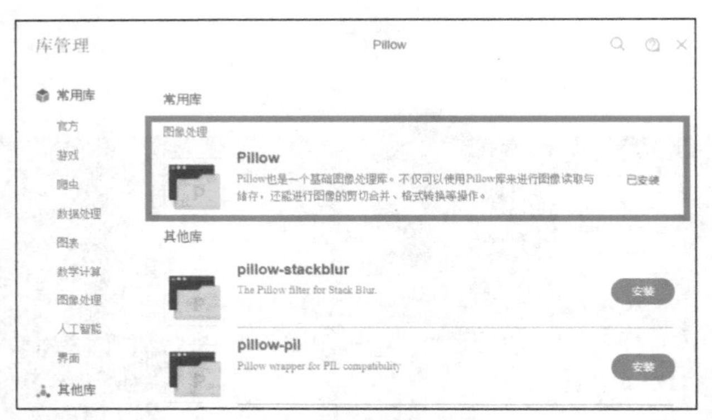

图 13-2

在本书的配套电子资源中，找到“第13章\images”文件夹，里面存放有这章需要的图片素材，如图13-3所示。

down.jpg　image1.jpg　image2.jpg　python.jpg　up.jpg

图 13-3

读者可以输入以下代码：

13-1.py

```
import pgzrun  # 导入游戏库
from PIL import Image # 导入图像处理库

# 打开一个图像文件，注意文件路径
im = Image.open('images\image1.jpg')
w, h = im.size  # 获得图像尺寸
```

```
WIDTH = w  # 设置窗口的宽度
HEIGHT = h  # 设置窗口的高度
pic = Actor('image1')  # 导入图片

def draw():  # 绘制模块，每帧重复执行
    pic.draw()  # 绘制图片

pgzrun.go()  # 开始执行游戏
```

首先由from PIL import Image从Pillow导入Image模块，然后利用Image.open()函数打开图像文件，括号内为对应的文件名字符串。由于“image1.jpg”在代码目录的下一级目录“images”下，故需要写成'images\image1.jpg'的形式。

打开图像文件后，可以利用im.size获得图像的宽度、高度。将游戏窗口大小设置为和图像一致，导入图片并显示，运行效果如图13-4所示。

图 13-4

提示 如果当前目录下没有要打开的图片文件，程序会报错并停止运行。这时可以用try-except形式的异常处理代码，把可能出现异常的语句放到try之后，把处理异常情况的语句放到except之后：

```
try:
    im = Image.open('images\image1.jpg')
except:
    print('文件打开异常')
```

提示 当程序报错时，可以看控制台中的提示信息，即可定位到出错的代码

并进行修改。如果无法确定出错的位置，那么可以把可能出错的代码分别注释来排查错误。利用 # 可以注释一行代码，利用两个 ''' 可把其间的多行代码注释。另外也可以利用 print 或 logging 功能输出程序的中间运行结果，从而判断代码中是否出现逻辑错误。

13.2　图像的剪裁与保存

利用元组box设定剪裁区域在原图中的左上角、右下角坐标，然后可以利用crop函数得到剪裁后的图片：

```
box =(left,top,right,bottom)
region = im.crop(box)
```

剪裁之后的图片region可以通过region.save()函数保存到电脑上：

13-2-1.py

```
# 其他部分代码同13-1.py
box = (200, 0, 950, 750) # 设定剪裁区域在原图中的左上角、右下角坐标
region = im.crop(box) # 利用box对图像im进行剪裁
w, h = region.size  # 获得剪裁后的图像尺寸
region.save("images\image1_crop.jpg") #保存剪裁图像
```

运行效果如图13-5所示，我们得到了一个宽750px、高750px的新图像。

图 13-5

下面我们将“image1_crop.jpg”裁成3行3列共9张小图片，生成的图片

可以作为第10章拼图游戏的素材：

13-2-2.py

```
from PIL import Image # 导入图像处理库

# 打开一个图像文件，注意文件路径
im = Image.open('images\image1_crop.jpg')
w, h = im.size  # 获得图像文件尺寸
step = 250 # 小图片的宽、高均为250

for i in range(3):  # 对行循环
    for j in range(3):  # 对列循环
        # 利用box对图像进行剪裁
        box = (i*step, j*step, (i+1)*step, (j+1)*step)
        index = j*3+i+1 # 裁剪出的小图像编号
        pic = im.crop(box) # 裁剪图像
        # 待保存的图像文件名
        filename = "images\image_"+str(index)+".jpg"
        pic.save(filename) # 保存裁剪好的小图像
```

裁剪后的效果如图13-6所示。

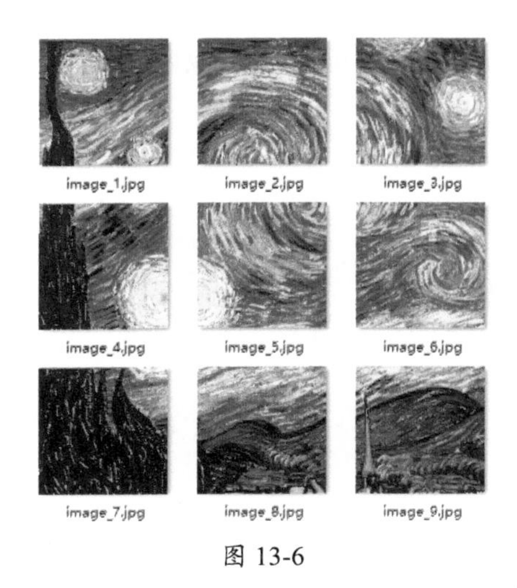

图 13-6

练习13-1

尝试将“image1_crop.jpg”图片裁剪成5行5列共25张小图片，效果如图13-7所示。

图 13-7

13.3　图像的复制与粘贴

利用copy()和paste()函数，可以在头像图片的右下角添加Python标志，效果如图13-8所示。

图 13-8

输入如下代码：

13-3-1.py

```
from PIL import Image # 导入图像处理库

# 打开头像图片文件
pic = Image.open("images\image2.jpg")
w_pic, h_pic = pic.size  # 获得图像文件尺寸
# 拷贝一份原始图片，在其上进行修改
```

```
copyPic = pic.copy()

# 打开Python标志图片文件
py = Image.open("images\python.jpg")
w_py, h_py = py.size  # 获得图像文件尺寸

# 将py图片复制粘贴到copyPic图片的右下角
copyPic.paste(py, (w_pic-w_py, h_pic-h_py))

# 保存更改后的copyPic图片
copyPic.save("images\image2_python.jpg")
```

其中copyPic = pic.copy()表示把pic复制一份到copyPic中，后续只对copyPic进行修改，原始图片pic保持不变。

copyPic.paste(py,(x,y))中，(x,y)表示py图片粘贴到copyPic图像中坐标为(*x*,*y*)的位置。函数也可以写成copyPic.paste(py,((left,top,right,bottom))的形式，表示把py粘贴到copyPic图像中的区域，注意(left,top,right,bottom)区域大小需和py图片大小一致。

练习13-2

修改13-3-1.py，将Python标志添加到头像的左下角，如图13-9所示。

图 13-9

Pillow也可以新建空白图像：

13-3-2.py

```
from PIL import Image  # 导入图像处理库
# 新建图像
newImage = Image.new('RGB', (800, 800), 'red')
# 保存新建图片
newImage.save('images\\newImage.jpg')
```

Image.new('RGB', (w, h), 'red') 中，'RGB' 表示新建图像为三原色颜色模型（参考3.3节），(w, h)为新建图像的宽度、高度，最后一个参数为图片默认的颜色。

提示 反斜杠 '\' 也是 Python 的转义符，在字符串中可以和后面的一个字符结合，以表达不同的含义。如 '\n' 表示换行符，'\t' 表示制表符，而 '\\' 表示反斜杠 '\' 自身。

利用paste()函数，以下代码可以生成一个用Python图标平铺的图片：

13-3-3.py

```
from PIL import Image  # 导入图像处理库
# 新建图像
newImage = Image.new('RGB', (400, 400), 'red')
# 打开Python标志图片文件，大小为80×80
py = Image.open("images\python.jpg")

# 生成用Python图标平铺的图片
for i in range(5):
    for j in range(5):
        newImage.paste(py, (i*80, j*80))

# 保存新建图片
newImage.save('images\\newImage.jpg')
```

生成的图片效果如图13-10所示。

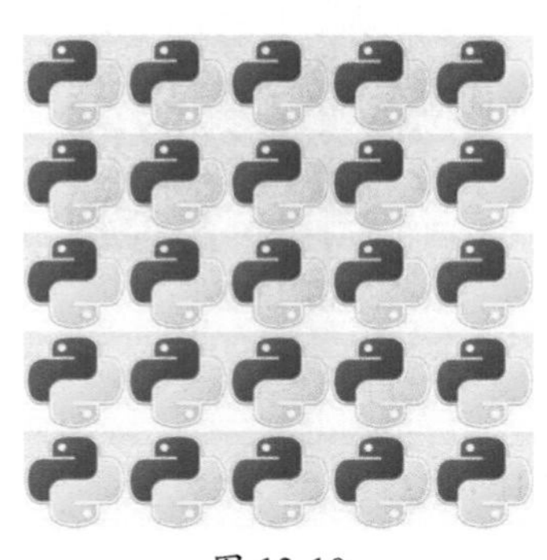

图 13-10

练习 13-3

im = im.resize((w, h)) 可将图片 im 的宽调整为 w、高调整为 h。在代码13-2-2.py生成的9张图片的基础上，实现微信朋友圈九宫格图片效果，并且点开一张小图后，会出现有更多信息的长图，如图13-11所示。

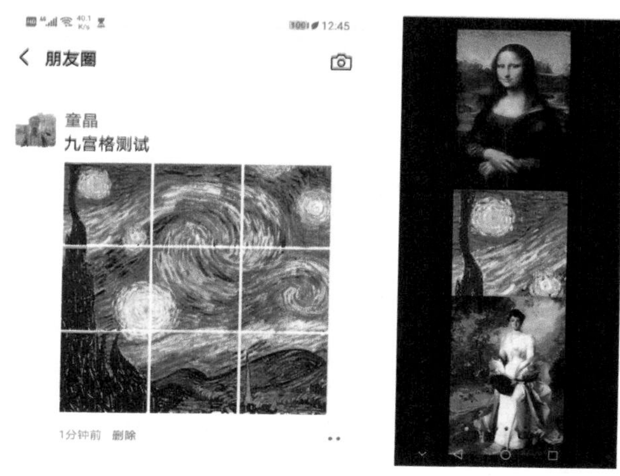

图 13-11

13.4 像素颜色的读写

创建宽800px、高800px，颜色为白色的图像：

```
im = Image.new('RGB', (800, 800), (255,255,255))
```

利用下列语句，可以获得图像任一坐标处的颜色值：

```
px = im.load()  # 导入图片像素
r, g, b = px[30, 50]  # 获得对应坐标(30,50)处像素的颜色值
```

也可以设定px[x,y]修改图片像素的颜色值，以下代码可以生成一个国际象棋的棋盘图案：

13-4.py

```
from PIL import Image  # 导入图像处理库
# 新建图像，宽高都为800px，初始化为白色
im = Image.new('RGB', (800, 800), (255, 255, 255))
px = im.load()  # 导入图片像素

for i in range(800):
    for j in range(800):
        if (i//80 + j//80) %2==1:
```

```
        px[i,j] = 0,0,0 # 将像素设为黑色
im.save('images\\国际象棋棋盘.jpg')
```

生成的图案如图 13-12 所示。

练习 13-4

尝试生成图 13-13 所示的趣味错觉图像，图像中白线交点处会出现一些跳动的黑点。

图 13-12

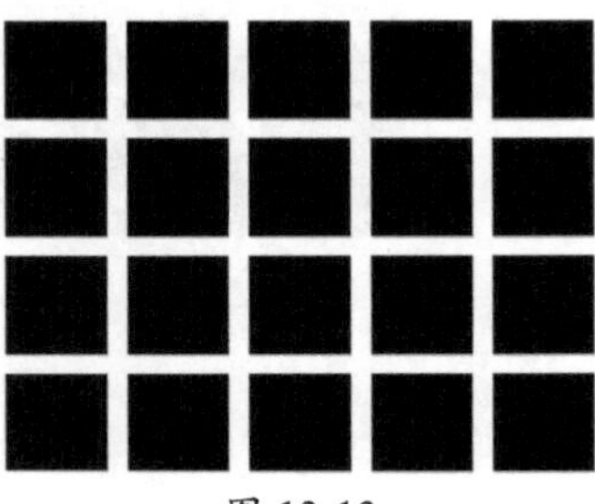

图 13-13

练习 13-5

导入一张图片，使其变为图 13-14 所示的像素化风格。

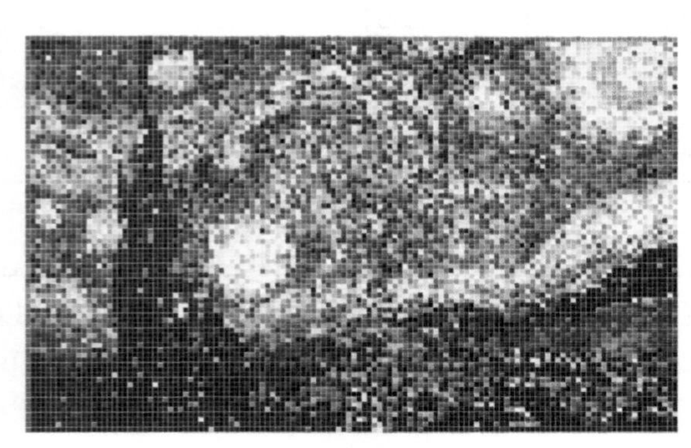

图 13-14

13.5　随机互动的风格图片生成

以下代码将 Pillow 和游戏开发库结合，随机选取 (x,y) 坐标，以图片对应像素的颜色 (r, g, b)，在窗口中的对应位置绘制填充圆：

13-5-1.py

```
from PIL import Image  # 导入图像处理库
import pgzrun  # 导入游戏库
import random  # 导入随机库

im = Image.open("images\\image2.jpg")  # 打开图像文件
w, h = im.size  # 获得图像文件尺寸
WIDTH = w  # 设置窗口的宽度
HEIGHT = h  # 设置窗口的高度
px = im.load()  # 导入图片像素

def update():  # 更新模块，每帧重复操作
    global r, g, b, x, y
    x = random.randint(0, w-1) # 取随机坐标
    y = random.randint(0, h-1)
    r, g, b = px[x, y]  # 取对应图片像素的颜色

def draw():  # 绘制模块，每帧重复执行
    global r, g, b, x, y
    screen.draw.filled_circle((x, y), 5, (r, g, b)) # 绘制填充圆
pgzrun.go()  # 开始执行游戏
```

绘制的效果如图13-15所示。

图 13-15

为了快速绘制效果，可以利用列表，每次在update()函数中生成100个随机采样点，然后在draw()函数中一次性绘制100个实心圆：

13-5-2.py

```
from PIL import Image  # 导入图像处理库
import pgzrun  # 导入游戏库
import random  # 导入随机库

im = Image.open("images\\image2.jpg")  # 打开图像文件
```

```
w, h = im.size  # 获得图像文件尺寸
WIDTH = w  # 设置窗口的宽度
HEIGHT = h  # 设置窗口的高度
px = im.load()  # 导入图片像素
XY = [] # 列表中存储点坐标
RGB = [] # 列表中存储对应的像素颜色值

def update():  # 更新模块，每帧重复操作
    XY.clear() # 清空列表
    RGB.clear()
    for i in range(100):
        x = random.randint(0, w-1)  # 取随机坐标
        y = random.randint(0, h-1)
        r, g, b = px[x, y]  # 取对应图片像素的颜色
        XY.append((x, y))  # 将位置信息添加到列表中
        RGB.append((r, g, b))  # 将颜色信息添加到列表中

def draw():  # 绘制模块，每帧重复执行
    for i in range(100):
        screen.draw.filled_circle(XY[i], 2, RGB[i])  # 绘制填充圆

pgzrun.go()  # 开始执行游戏
```

除了绘制实心圆外，还可以绘制空心圆、线条、两条线条间的交叉线、长方形等各种元素。设定按键盘上的1、2、3、4、5、6键为绘制不同的基本元素，鼠标左右移动改变绘制基本元素的大小，按Esc键或鼠标右键清屏。实现效果如图13-16所示，完整代码如下：

13-5-3.py

```
from PIL import Image  # 导入图像处理库
import pgzrun  # 导入游戏库
import random  # 导入随机库

im = Image.open("images\\image2.jpg")  # 打开图像文件
w, h = im.size  # 获得图像文件尺寸
WIDTH = w  # 设置窗口的宽度
HEIGHT = h  # 设置窗口的高度
px = im.load()  # 导入图片像素
XY = [] # 列表中存储点坐标
RGB = [] # 列表中存储对应的像素颜色值
key = 1 # 定义按了哪个数字键，默认为1
r = 3 # 定义了绘制小基本元素的大小，受鼠标左右移动控制

def update():  # 更新模块，每帧重复操作
    global key
```

```
        # 按下键盘数字键后，对key赋相应的值
        if keyboard.k_1:
            key = 1
        elif keyboard.k_2:
            key = 2
        elif keyboard.k_3:
            key = 3
        elif keyboard.k_4:
            key = 4
        elif keyboard.k_5:
            key = 5
        elif keyboard.k_6:
            key = 6
        elif keyboard.escape:
            key = -1

        XY.clear()  # 清空坐标列表
        RGB.clear()  # 清空颜色列表
        for i in range(100):
            x = random.randint(0, w-1)  # 取随机坐标
            y = random.randint(0, h-1)
            r, g, b = px[x, y]  # 取对应图片像素的颜色
            XY.append((x, y))   # 将位置信息添加到列表中
            RGB.append((r, g, b))  # 将颜色信息添加到列表中

def draw():  # 绘制模块，每帧重复执行
    if key == -1:  #当按下鼠标右键时
        screen.clear()  # 清除屏幕
    for i in range(100):
        x = XY[i][0] # 当前点坐标
        y = XY[i][1]
        box = Rect((x,y),(r,r)) # 画正方形区域的范围
        if key == 1:  # 绘制填充圆
            screen.draw.filled_circle(XY[i], r, RGB[i])
        if key == 2:  # 绘制空心圆
            screen.draw.circle(XY[i], r, RGB[i])
        if key == 3:  # 绘制线条
            screen.draw.line((x, y), (x+r, y+r), RGB[i])
        if key == 4:  # 绘制两条线条组成的叉号
            screen.draw.line((x-r, y-r), (x+r, y+r), RGB[i])
            screen.draw.line((x-r, y+r), (x+r, y-r), RGB[i])
        if key == 5:  # 绘制空心正方形
            screen.draw.rect(box, RGB[i])
        if key == 6:  # 绘制实心正方形
            screen.draw.filled_rect(box, RGB[i])

def on_mouse_move(pos, rel, buttons):  # 当鼠标移动时
    global r
```

```
    x = pos[0]   # 鼠标的x坐标
    r = x*10//WIDTH + 1  # 鼠标在最左边r=1，最右边r=10
    if mouse.RIGHT in buttons:   # 当按下鼠标右键时，准备清屏
        key = -1

pgzrun.go()  # 开始执行游戏
```

图 13-16

其中 box = Rect((x,y),(w,h)) 设定一个长方形区域，其左上角坐标为 (x,y)，宽为 w，高为 h。screen.draw.rect(box, c) 以颜色 c 绘制一个长方形边框，screen.draw.filled_rect(box, c) 绘制一个填充的长方形。

练习 13–6

尝试生成图 13-17 所示的趣味错觉图像。

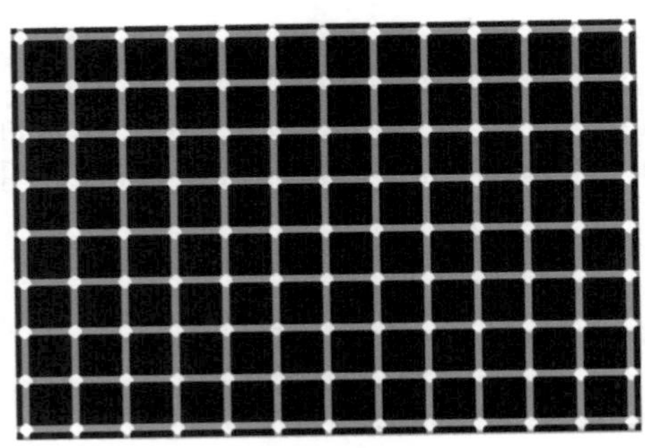

图 13-17

练习 13-7

Python之所以功能强大、应用广泛，一个重要的原因是它有非常多高质量的第三方库，如本章使用的Pillow、Pygame Zero。在学习Python的过程中，学会搜索、安装、使用第三方库，也是一个非常重要的技能。读者可以尝试应用个性化二维码生成库MyQR，生成图13-18所示的两个二维码。

图 13-18

13.6 小结

这一章我们了解了转义字符、异常处理、多行注释等知识，学习了图像处理的基本概念，结合图像处理库Pillow与游戏开发库Pygame Zero生成了各种各样的趣味图像。读者可以阅读Pillow官网上的帮助文档，进行更多图像处理的尝试；也可以参考本章的思路，快速了解、学习、应用其他Python标准库与第三方库。

附录 A
练习题参考答案

第 1 章

练习 1-1

```
print('你好，欢迎阅读本书！')
print('欢迎学习Python游戏趣味编程！')
```

第 2 章

练习 2-1

```
import pgzrun
def draw():
    screen.draw.circle((400, 300), 50, 'white')
pgzrun.go()
```

```
import pgzrun
def draw():
    screen.draw.circle((400, 300), 200, 'white')
pgzrun.go()
```

练习2-2

```
import pgzrun
def draw():
    screen.fill('yellow')
    screen.draw.filled_circle((400, 300), 100, 'blue')
pgzrun.go()
```

练习2-3

```
import pgzrun
def draw():
    screen.fill('white')
    screen.draw.circle((400, 300), 250, 'black')
    screen.draw.circle((305, 180), 90, 'black')
    screen.draw.circle((495, 180), 90, 'black')
    screen.draw.filled_circle((275, 180), 55, 'black')
    screen.draw.filled_circle((465, 180), 55, 'black')
    screen.draw.circle((400, 300), 20, 'black')
    screen.draw.circle((400, 420), 70, 'black')
pgzrun.go()
```

练习2-4

```
import pgzrun
r = 1
def draw():
    screen.fill('white')
    screen.draw.filled_circle((400, 300), r, 'red')
def update():
    global r
    r = r+3
pgzrun.go()
```

练习2-5

```
x = 11*13*15*17
if x > 30000:
    print('结果大于30000')
if x == 30000:
    print('结果等于30000')
if x < 30000:
    print('结果小于30000')
```

练习2-6

```
r = 3        # 小球的半径

# screen.fill('white')  # 白色背景
```

第 3 章

练习3-1

```
import pgzrun
def draw():
    screen.fill('white')
    screen.draw.circle((400, 300), 10, 'black')
    screen.draw.circle((400, 300), 20, 'black')
    screen.draw.circle((400, 300), 30, 'black')
    screen.draw.circle((400, 300), 40, 'black')
    screen.draw.circle((400, 300), 50, 'black')
    screen.draw.circle((400, 300), 60, 'black')
    screen.draw.circle((400, 300), 70, 'black')
    screen.draw.circle((400, 300), 80, 'black')
    screen.draw.circle((400, 300), 90, 'black')
    screen.draw.circle((400, 300), 100, 'black')
    screen.draw.circle((400, 300), 110, 'black')
    screen.draw.circle((400, 300), 120, 'black')
    screen.draw.circle((400, 300), 130, 'black')
    screen.draw.circle((400, 300), 140, 'black')
    screen.draw.circle((400, 300), 150, 'black')
    screen.draw.circle((400, 300), 160, 'black')
    screen.draw.circle((400, 300), 170, 'black')
    screen.draw.circle((400, 300), 180, 'black')
    screen.draw.circle((400, 300), 190, 'black')
    screen.draw.circle((400, 300), 200, 'black')
pgzrun.go()
```

练习3-2

```
for i in range(10):
    print(i)
```

练习3-3

```
for i in range(5):
    print(i+1)
```

练习3-4

```
for i in range(5):
    print(2*i+1)
```

练习3-5

```
for i in range(10,16):
    print(i)
```

练习3-6

```
for i in range(1,6):
    print(10*i)
```

练习3-7

```
import pgzrun
def draw():
    screen.fill('white')
    for r in range(50, 1, -10):
        screen.draw.circle((400, 300), r, 'black')
pgzrun.go()
```

练习3-8

```
import pgzrun
def draw():
    screen.fill('white')
    for r in range(250, 0, -50):
        screen.draw.filled_circle((400, 300), r, 'black')
        screen.draw.filled_circle((400, 300), r-25, 'white')
pgzrun.go()
```

练习3-9

```
import pgzrun
def draw():
    screen.fill('white')
    for r in range(255, 0, -1):
        screen.draw.filled_circle((400, 300), r, (255-r, 0, 0))
pgzrun.go()
```

```
import pgzrun
def draw():
    screen.fill('white')
    for r in range(255, 0, -1):
        screen.draw.filled_circle((400,300),r,(255-r,255-r,0))
pgzrun.go()
```

```
import pgzrun
def draw():
    screen.fill('white')
    for r in range(255, 0, -1):
```

```
        screen.draw.filled_circle((400, 300), r, (r, r, r))
pgzrun.go()
```

练习3-10

```
for i in range(2):
    for j in range(3):
        for k in range(2):
            print(i, j, k)
```

练习3-11

```
import pgzrun  # 导入游戏库
import random  # 导入随机库
WIDTH = 1200   # 设置窗口的宽度
HEIGHT = 800   # 设置窗口的高度
R = 100        # 大圆圈的半径
def draw():    # 绘制模块，每帧重复执行
    screen.fill('white')  # 白色背景
    for x in range(0, WIDTH+R, 2*R):  # x坐标遍历
        for y in range(0, HEIGHT+R, 2*R):  # y坐标遍历
            for r in range(1, R, 10):  # 同心圆半径从小到大遍历
                # 绘制一个填充圆，坐标为(x,y)，半径为R-r，颜色随机
                screen.draw.filled_circle((x, y), R-r, \
                (random.randint(0, 255), random.randint(0, 255),\
                random.randint(0, 255)))
def on_mouse_down(): # 当按下鼠标键时
    draw()  # 调用绘制函数
pgzrun.go()  # 开始执行游戏
```

练习3-12

```
import pgzrun  # 导入游戏库
import random  # 导入随机库
WIDTH = 800   # 设置窗口的宽度
HEIGHT = 600  # 设置窗口的高度
R = 50         # 圆圈半径
def draw():  # 绘制模块，每帧重复执行
    screen.fill('white')  # 白色背景
    for x in range(0, WIDTH+1, R):  # x坐标遍历
        for y in range(0, HEIGHT+1, R):  # y坐标遍历
            # 绘制一个空心圆，坐标为(x,y)，半径为R，颜色随机
            screen.draw.circle((x, y), R, (random.randint(0, 255), random.
                    randint(0, 255), random.randint(0, 255)))
def on_mouse_down(): # 当按下鼠标键时
    draw()  # 调用绘制函数
pgzrun.go()  # 开始执行游戏
```

第 4 章

练习 4-1

```
colors = ['red', 'orange', 'yellow', 'green', 'blue', 'cyan', 'purple']
for i in range(7):
    col = colors[i]
    print(col)
```

练习 4-2

```
xlist = []
for i in range(0,10):
    xlist.append(2*i+1)
print(xlist)
```

练习 4-3

```
import pgzrun
import random
balls = []
for i in range(100):
    x = random.randint(1,800)
    y = random.randint(1,600)
    ball = [x, y]
    balls.append(ball)
def draw():
    screen.fill('white')
    for ball in balls:
        screen.draw.filled_circle((ball[0], ball[1]), 10, 'red')
pgzrun.go()
```

练习 4-4

```
import pgzrun  # 导入游戏库
import random  # 导入随机库
WIDTH = 1200   # 设置窗口的宽度
HEIGHT = 800  # 设置窗口的高度
balls = []    # 存储所有小球的信息，初始为空列表

def draw():   # 绘制模块，每帧重复执行
    screen.fill('white')  # 白色背景
    for ball in balls:  # 绘制所有的圆
        screen.draw.filled_circle((ball[0], ball[1]), ball[2],
                                  (ball[3], ball[4], ball[5]))
        for x in range(1, ball[2], 3): # 用同心圆填充
            screen.draw.filled_circle((ball[0], ball[1]),
                ball[2]-x, (random.randint(ball[3], 255),
                random.randint(ball[4], 255),
                random.randint(ball[5], 255)))

def on_mouse_move(pos, rel, buttons): # 当鼠标移动时
    if mouse.LEFT in buttons:         # 当按下鼠标左键时
```

```
        x = pos[0]    # 鼠标的x坐标，设为小球的x坐标
        y = pos[1]    # 鼠标的y坐标，设为小球的y坐标
        r = random.randint(10, 20)       # 小球的半径
        colorR = random.randint(10, 255)  # 小球的3个颜色分量
        colorG = random.randint(10, 255)
        colorB = random.randint(10, 255)
        # 存储小球所有信息的列表
        ball = [x, y, r, colorR, colorG, colorB]
        balls.append(ball)  # 把i号小球的信息添加到balls中

pgzrun.go()   # 开始执行游戏
```

第 5 章

练习 5-1

```
0.2
0
3
0
1
0
```

练习 5-2

```
for i in range(1,1001):
    if (i%13==0 and i%17==0):
        print(i)
```

练习 5-3

```
# 共2111名士兵
for i in range(1,3000):
    if (i%5==1 and i%6==5 and i%7==4 and i%11==10):
        print(i)
```

第 6 章

练习 6-1

```
bird：宽度55px、高度40px
bar_up：宽度50px、高度368px
bar_down：宽度50px、高度368px
background：宽度350px、高度600px
```

练习 6-2

```
import pgzrun  # 导入游戏库

sun = Actor('太阳')  # 导入太阳图片
```

```
sun.x = 400    # 太阳的x坐标
sun.y = 300    # 太阳的y坐标

earth = Actor('地球', anchor=(65+250, 65))  # 导入地球图片
earth.x = 400    # 设置地球锚点的x坐标
earth.y = 300    # 设置地球锚点的y坐标

def draw():   # 绘制模块，每帧重复执行
    screen.fill('black')  # 黑色背景
    sun.draw()    # 绘制太阳
    earth.draw()  # 绘制地球

def update():   # 更新模块，每帧重复操作
    earth.angle = earth.angle + 1  # 地球的角度增加，慢慢旋转

pgzrun.go()   # 开始执行游戏
```

练习 6-3

```
import pgzrun  # 导入游戏库

sun = Actor('太阳')  # 导入太阳图片
sun.x = 400    # 太阳的x坐标
sun.y = 300    # 太阳的y坐标

earth = Actor('地球', anchor=(65+250, 65))  # 导入地球图片
earth.x = 400    # 设置地球锚点的x坐标
earth.y = 300    # 设置地球锚点的y坐标
rotateSpeed = 1  # 地球旋转速度初始值为1

def draw():   # 绘制模块，每帧重复执行
    screen.fill('black')  # 黑色背景
    sun.draw()    # 绘制太阳
    earth.draw()  # 绘制地球

def update():   # 更新模块，每帧重复操作
    # 地球的角度增加rotateSpeed
    earth.angle = earth.angle + rotateSpeed

def on_key_down():  # 当按下任意键盘键时执行
    global rotateSpeed
    if (rotateSpeed == 1):    # 之前旋转，现在暂停
        rotateSpeed = 0

pgzrun.go()   # 开始执行游戏
```

练习 6-4

```
s1 = input("请输入数字1：")
x1 = int(s1)
s2 = input("请输入数字2：")
x2 = int(s2)
```

```
if (x1 > x2):
    print(x1, '是两个数字中的最大值')
else:
    print(x2, '是两个数字中的最大值')
```

练习6-5

```
# 其他部分代码同练习6-3.py
def on_key_down():  # 当按下任意键盘键时执行
    global rotateSpeed
    if (rotateSpeed == 1):   # 之前旋转，现在暂停
        rotateSpeed = 0
    elif (rotateSpeed == 0): # 之前暂停，现在旋转
        rotateSpeed = 1
```

练习6-6

```
y = int(input('请输入出生年份：'))
if (y % 12 == 0):
    print('属猴')
elif (y % 12 == 1):
    print('属鸡')
elif (y % 12 == 2):
    print('属狗')
elif (y % 12 == 3):
    print('属猪')
elif (y % 12 == 4):
    print('属鼠')
elif (y % 12 == 5):
    print('属牛')
elif (y % 12 == 6):
    print('属虎')
elif (y % 12 == 7):
    print('属兔')
elif (y % 12 == 8):
    print('属龙')
elif (y % 12 == 9):
    print('属蛇')
elif (y % 12 == 10):
    print('属马')
elif (y % 12 == 11):
    print('属羊')
```

练习6-7

```
s = '猴鸡狗猪鼠牛虎兔龙蛇马羊'
y = int(input('请输入出生年份：'))
i = y % 12
print('属', s[i])
```

第 7 章

练习 7-1

```
5
3
12
2
2
0.5
```

练习 7-2

```
name = input("请输入你的姓名：")
loc = input("请输入你所在的城市：")
str = loc+"的"+name+"你好，欢迎学习Python游戏趣味编程！"
print(str)
```

练习 7-3

```
1
2
```

第 8 章

练习 8-1

```
absMax = 0
number = 0
print("请依次输入5个数字")
for i in range(5):
    x = int(input("请输入数字："))
    if abs(x) > absMax:
        absMax = abs(x)
        number = x
print("绝对值最大的数字是："+str(number))
```

练习 8-2

```
[1, 2, 3, 4, 5, 6, 7, 8, 9, 10]
[1, 3, 5, 7, 9]
```

第 9 章

练习 9-1

```
X = [1,3,4,8,10]
number = 0
x = int(input('请输入数字：'))
```

```
if x <= X[0]:
    X.insert(0,x)
elif x >= X[4]:
    X.insert(5, x)
else:
    for i in range(4):
        if x >= X[i] and x <= X[i+1]:
            number = i+1
    X.insert(number, x)
print('插入后的列表为：',X)
```

练习 9-2

```
sum = 0
for i in range(100):
    x = float(input('请输入数字，输入负数结束：'))
    if (x>=0):
        sum += x
    else:
        break
print('输入正数的和为：',sum)
```

练习 9-3

```
2
4
6
8
10
```

练习 9-4

```
def printStars():
    str = ''
    for i in range(5):
        str = str + '+'
    print(str)

for j in range(5):
    printStars()
```

练习 9-5

```
def printStars(n,m,ch):
    str = ''
    for i in range(m):
        str = str + ch
    for i in range(n):
        print(str)

printStars(2,4, '+')
printStars(3,6, '@')
```

练习 9-6

```
def maxfun(x,y):
    max = x
    if (x<y):
        max = y
    print(max)

maxfun(2, 4)
maxfun(6, 3)
```

练习 9-7

```
def BMI(height, weight):
    bmi = weight/height/height
    result = ''
    if bmi < 18.5:
        result = '体重过轻'
    elif bmi < 24:
        result = '体重正常'
    elif bmi < 27:
        result = '过重'
    elif bmi < 30:
        result = '轻度肥胖'
    elif bmi < 35:
        result = '中度肥胖'
    else:
        result = '重度肥胖'
    return result

h = float(input('输入身高（m）：'))
w = float(input('输入体重（kg）：'))
print(BMI(h, w))
```

练习 9-8

```
import pgzrun  # 导入游戏库
time = 0

def on_key_down():  # 当按下任意键盘键时执行
    print('程序已运行'+str(time)+'s')

def count():
    global time
    time += 0.01
    clock.schedule_unique(count, 0.01)  # 下一次隔0.01s调用

count()  # 调用函数运行
pgzrun.go()  # 开始执行游戏
```

练习 9-9

```
import pgzrun  # 导入游戏库
time = 30

def draw():  # 绘制模块，每帧重复执行
    screen.fill('white')  # 白色背景
    screen.draw.text("倒计时："+str(time), (200, 80), fontsize=80,
                    fontname='s', color='black')
    if time<=0:  # 倒计时结束
        clock.unschedule(count)  # 结束函数的计划执行任务
        screen.draw.text("时间到了！", (180, 300),
              fontsize=100, fontname='s', color='red')

def count():
    global time
    time -= 1
    clock.schedule_unique(count, 1)  # 下一次隔1s调用

count()  # 调用函数运行
pgzrun.go()  # 开始执行游戏
```

第 10 章

练习 10-1

```
a = float(input('请输入数字a：'))
b = float(input('请输入数字b：'))

if (a>b):
    temp = a
    a = b
    b = temp

print('处理后a为：', a, ' b为：', b)
```

练习 10-2

```
import pgzrun  # 导入游戏库
import random  # 导入随机库
TILE_SIZE = 60  # 小拼图块的大小，60×60
WIDTH = 5*TILE_SIZE  # 设置窗口的宽度为300
HEIGHT = 5*TILE_SIZE  # 设置窗口的高度为300

clickTime = 0  # 记录鼠标点击了多少次
clickId1 = clickId2 = -1  # 两次点击的小拼图块的序号
allRight = False  # 是否小拼图的位置全对了

# 导入25个图片文件，存在列表当中
```

```
tiles = [Actor('5×5_01'), Actor('5×5_02'), Actor('5×5_03'),
         Actor('5×5_04'), Actor('5×5_05'), Actor('5×5_06'),
         Actor('5×5_07'), Actor('5×5_08'), Actor('5×5_09'),
         Actor('5×5_10'), Actor('5×5_11'), Actor('5×5_12'),
         Actor('5×5_13'), Actor('5×5_14'), Actor('5×5_15'),
         Actor('5×5_16'), Actor('5×5_17'), Actor('5×5_18'),
         Actor('5×5_19'), Actor('5×5_20'), Actor('5×5_21'),
         Actor('5×5_22'), Actor('5×5_23'), Actor('5×5_24'),
         Actor('5×5_25')]

grid = []  # 列表，用来存放所有拼图信息
for i in range(5):  # 对行循环
    for j in range(5):  # 对列循环
        tile = tiles[i*5+j]  # 对应拼图方块图片
        tile.left = j * TILE_SIZE  # 拼图方块图片最左边的x坐标
        tile.top = i * TILE_SIZE  # 拼图方块图片最顶部的y坐标
        grid.append(tile)  # 将当前拼图加入列表中

# 以下函数实现两个小拼图块位置的交换
def swapPosition(i, j):
    # i、j为要交换的两个小拼图块的序号
    # 以下利用tempPos中间变量，实现两个小拼图块位置的交换
    tempPos = grid[i].pos
    grid[i].pos = grid[j].pos
    grid[j].pos = tempPos

# 重复随机交换多次小拼图的位置
for k in range(50):
    i = random.randint(0, 24)  # 第1个小拼图块的序号
    j = random.randint(0, 24)  # 第2个小拼图块的序号
    swapPosition(i, j)  # 调用函数交换两个小拼图块的位置

def draw():  # 绘制模块，每帧重复执行
    screen.clear()  # 每帧清除屏幕，便于重新绘制
    for tile in grid:
        tile.draw()  # 绘制小拼图块
    if allRight:  # 输出游戏胜利信息
        screen.draw.text("游戏胜利！", (40, HEIGHT/2-50),
                fontsize=50, fontname='s', color='blue')
    else:  # 如果没有成功，可以画几条提示线
        for i in range(5):  # 画两条横线、两条竖线
            screen.draw.line((0, i*TILE_SIZE),
                    (WIDTH, i*TILE_SIZE), 'white')
            screen.draw.line((i*TILE_SIZE, 0),
                    (i*TILE_SIZE, HEIGHT), 'white')
        if clickId1 != -1:  # 为选中的第1个小拼图块画一个红色框
            screen.draw.rect(Rect((grid[clickId1].left,
            grid[clickId1].top), (TILE_SIZE, TILE_SIZE)), 'red')

def on_mouse_down(pos, button):  # 当按下鼠标键时执行
    global clickTime, clickId1, clickId2, allRight
```

```
    for k in range(25):  # 对所有grid中的小拼图块遍历
        if grid[k].collidepoint(pos):  # 如果小拼图与鼠标位置碰撞
            print(k)  # 输出拼图块序号
            break    # 跳出当前循环

    if clickTime % 2 == 0:  # 点击偶数次
        clickId1 = k  # 第1个要交换的小拼图块序号
        clickTime += 1  # 点击次数加1
    elif clickTime % 2 == 1:  # 点击奇数次
        clickId2 = k  # 第2个要交换的小拼图块序号
        clickTime += 1  # 点击次数加1
        swapPosition(clickId1, clickId2)  # 交换两个小拼图块位置

    allRight = True  # 假设全拼对了
    for i in range(5):
        for j in range(5):
            tile = grid[i*5+j]
            # 遍历，只要有一个小拼图的位置不对，就没有全拼对
            if tile.left != j * TILE_SIZE
                or tile.top != i * TILE_SIZE:
                allRight = False  # 拼错了
                break
            # 如果上面的if语句都不执行，则表示全拼对了

pgzrun.go()  # 开始执行游戏
```

练习 10-3

```
txtFile = open('scores.txt', 'r')
totalScore = 0
for i in range(10):
    line = txtFile.readline()
    score = int(line)
    totalScore += score
averageScore = totalScore/10
txtFile.close()
print('平均成绩为：', averageScore)

txtFile = open('averageScore.txt', 'w')
txtFile.write(str(averageScore))
txtFile.close()
```

第 11 章

练习 11-1

```
import random  # 导入随机库

grid = []  # 二维数组，初始为空列表
for i in range(5):  # 对行遍历
```

```
        row = []  # 存储一行的数据，初始为空列表
        for j in range(5):  # 对列遍历
            row.append(random.randint(1, 6)) #把数据添加到行列表row中
        grid.append(row)  # 再把列表row添加到二维数组列表grid中

print('随机二维数组：')
for i in range(5):  # 对行遍历
    s = ''
    for j in range(5):  # 对列遍历
        s = s + str(grid[i][j]) + '  '
    print(s)

for i in range(5):  # 对行遍历
    for j in range(5):  # 对列遍历
        if (grid[i][j] == 6):
            grid[i][j] = 0

print('处理后的二维数组：')
for i in range(5):  # 对行遍历
    s = ''
    for j in range(5):  # 对列遍历
        s = s + str(grid[i][j]) + '  '
    print(s)
```

练习 11-2

```
import pgzrun  # 导入游戏库
import random  # 导入随机库

TILE_SIZE = 20  # 小方块的大小，20×20
WIDTH = 30*TILE_SIZE  # 设置窗口的宽度为600
HEIGHT = 30*TILE_SIZE  # 设置窗口的高度为600

Cells = []  # 二维数组，初始为空列表，用于储存小方块编号
for i in range(30):  # 对行遍历
    row = []  # 存储一行的数据，初始为空列表
    for j in range(30):  # 对列遍历
        x = random.randint(0, 1)
        if i==0 or i==29 or j==0 or j==29:
            x = 0 # 边界处为0
        row.append(x)  # 把数据添加到行列表row中
    Cells.append(row)  # 再把行列表row添加到二维数组Cells中

Tiles = []  # 二维数组，初始为空列表，存放所有小方块图片信息
def updateTiles():  # 根据Cells更新Tiles二维数组
    for i in range(30):
        for j in range(30):
            if Cells[i][j]==0:
                tile = Actor('die.jpg')  # 对应小方块图片初始化
            if Cells[i][j]==1:
```

```
            tile = Actor('live.jpg')  # 对应小方块图片初始化
        tile.left = j * TILE_SIZE  # 小方块图片最左边的x坐标
        tile.top = i * TILE_SIZE  # 小方块图片最顶部的y坐标
        Tiles.append(tile)  # 将当前小方块加入列表中

def draw():   # 绘制模块，每帧重复执行
    screen.clear()  # 每帧清除屏幕，便于重新绘制
    for tile in Tiles:
        tile.draw()  # 绘制所有小方块

def update():  # 更新模块，每帧重复操作
    global Cells
    NewCells = Cells  # 下一帧的细胞情况
    NeibourNumber = 0  # 统计邻近细胞为生的个数
    for i in range(1,29):  # 对行遍历
        for j in range(1,29):  # 对列遍历
            NeibourNumber = Cells[i-1][j-1] + Cells[i-1][j] +
                 Cells[i-1][j+1] + Cells[i][j-1] + Cells[i][j+1]
               + Cells[i+1][j-1] + Cells[i+1][j] + Cells[i+1][j+1]
            # 根据邻近活着的细胞个数，统计下一帧对应的细胞状态
            if (NeibourNumber == 3):
                NewCells[i][j] = 1
            elif (NeibourNumber == 2):
                NewCells[i][j] = Cells[i][j]
            else:
                NewCells[i][j] = 0
    Cells = NewCells
    updateTiles()  # 根据Cells更新Tiles二维数组

pgzrun.go()  # 开始执行游戏
```

练习 11-3

```
s = 0
i = 1
while i<=100:
    s += i
    i += 1
print(s)
```

第 12 章

练习 12-1

```
import pgzrun  # 导入游戏库
import random  # 导入随机库
WIDTH = 800   # 设置窗口的宽度
HEIGHT = 600  # 设置窗口的高度
```

```
# 候选的7种颜色之一
Colors=['red','orange','yellow','green','blue',
                              'cyan','purple']

class Ball: # 定义小球类
    x = None  # 小球的x坐标
    y = None  # 小球的y坐标
    vx = None  # 小球x方向的速度
    vy = None  # 小球y方向的速度
    radius = None  # 小球的半径
    color = None  # 小球的颜色

    # 使用构造函数传递参数对对象初始化
    def __init__(self,x,y,vx,vy,radius,color):
        self.x = x
        self.y = y
        self.vx = vx
        self.vy = vy
        self.radius = radius
        self.color = color

    def draw(self):
        # 绘制一个填充圆，坐标为(x,y)，半径为radius，颜色为color
        screen.draw.circle((self.x, self.y), self.radius, self.color)

    def update(self): # 更新小球的位置、速度
        self.x += self.vx    # 利用x方向速度更新x坐标
        self.y += self.vy    # 利用y方向速度更新y坐标
        # 当小球碰到左右边界时，x方向速度反向
        if self.x > WIDTH-self.radius or self.x < self.radius:
            self.vx = -self.vx
        # 当小球碰到上下边界时，y方向速度反向
        if self.y > HEIGHT-self.radius or self.y < self.radius:
            self.vy = -self.vy

balls = []  # 存储所有小球的信息，初始为空列表

def draw():   # 绘制模块，每帧重复执行
    screen.fill('white')  # 白色背景
    for ball in balls:
        ball.draw()   # 绘制小球

def update():  # 更新模块，每帧重复操作
    for ball in balls:
        ball.update()  # 更新小球的位置、速度

def on_mouse_move(pos, rel, buttons):  # 当鼠标移动时
    if mouse.LEFT in buttons:          # 当按下鼠标左键时
        x = pos[0]   # 鼠标的x坐标，设为小球的x坐标
        y = pos[1]   # 鼠标的y坐标，设为小球的y坐标
```

```
        vx = random.randint(1, 5)  # 小球x方向的速度
        vy = random.randint(1, 5)  # 小球y方向的速度
        r = random.randint(5, 20)      # 小球的半径
        color = Colors[random.randint(0, 6)]  # 小球的颜色
        ball = Ball(x, y, vx, vy, r, color) # 定义ball对象
        balls.append(ball)  # 把该小球的信息添加到balls中

pgzrun.go()   # 开始执行游戏
```

练习 12-2

```
import pgzrun  # 导入游戏库
import random  # 导入随机库
WIDTH = 600   # 设置窗口的宽度
HEIGHT = 800  # 设置窗口的高度

time = 0  # 游戏坚持的时间
hero = Actor('hero')  # 导入玩家飞机图片
live = 3 # 飞机一共3条命

livePics = []  # 在左上角显示生命符号
for i in range(live):
    livePic = Actor('hero_small')
    livePic.x = 40 + i*60
    livePic.y = 40
    livePics.append(livePic)

class Ball: # 定义小球类
    x = None  # 小球的x坐标
    y = None  # 小球的y坐标
    vx = None  # 小球x方向的速度
    vy = None  # 小球y方向的速度
    radius = None  # 小球的半径
    color = None  # 小球的颜色

    # 使用构造函数传递参数对对象初始化
    def __init__(self,x,y,vx,vy,radius,color):
        self.x = x
        self.y = y
        self.vx = vx
        self.vy = vy
        self.radius = radius
        self.color = color

    def draw(self):
        # 绘制一个填充圆，坐标为(x,y)，半径为radius，颜色为color
        screen.draw.filled_circle((self.x, self.y), self.radius, self.color)

    def update(self): # 更新小球的位置、速度
        self.x += self.vx    # 利用x方向速度更新x坐标
        self.y += self.vy    # 利用y方向速度更新y坐标
        # 当小球碰到左右边界时，x方向速度反向
```

```
        if self.x > WIDTH-self.radius or self.x < self.radius:
            self.vx = -self.vx
        # 当小球碰到上下边界时，y方向速度反向
        if self.y > HEIGHT-self.radius or self.y < self.radius:
            self.vy = -self.vy

class SmartBall(Ball): # 定义聪明小球类，继承Ball
    targetX = None
    targetY = None
    # 使用构造函数传递参数对对象初始化
    def __init__(self,x,y,vx,vy,radius,color,targetX,targetY):
        super().__init__(x, y, vx, vy, radius, color)
        self.targetX = targetX
        self.targetY = targetY

    def updateVelforTarget(self): # 根据目标位置更新小球速度
        if self.targetX > self.x:
            self.vx = random.randint(1, 2)
        elif self.targetX < self.x:
            self.vx = random.randint(-2, -1)
        if self.targetY > self.y:
            self.vy = random.randint(1, 2)
        elif self.targetY < self.y:
            self.vy = random.randint(-2, -1)

balls = []  # 存储所有小球的信息，初始为空列表

def draw():   # 绘制模块，每帧重复执行
    screen.fill('white')  # 白色背景
    hero.draw()  # 绘制玩家飞机
    for i in range(live): # 绘制还有几条生命
        livePics[i].draw()
    for ball in balls:
        ball.draw()   # 绘制小球
    screen.draw.text(str(time)+'秒', (270, 10), fontsize=50,
                     fontname='s', color='black')
    if live<=0:
        clock.unschedule(count)  # 结束函数的计划执行任务
        screen.draw.text("游戏结束！", (80, 300),
              fontsize=100, fontname='s', color='red')

def update():  # 更新模块，每帧重复操作
    global live
    if live <=0: # 没有生命了，函数返回，不再执行
        return

    for ball in balls:
        ball.update()  # 更新小球的位置、速度
        # 玩家飞机和小球碰撞
        if abs(hero.x - ball.x) < 25 and abs(hero.y - ball.y) < 30:
            live -= 1 # 生命减1
```

```
            sounds.explode.play() # 爆炸一条命的音效
            ball.y = 10 # 当前小球立刻远离飞机，防止重复碰撞

    if live <= 0: # 生命减完了
        hero.image = 'blowup'  # 更换玩家飞机的图片为爆炸图片
        sounds.boom.play()  # 播放玩家飞机爆炸音效

def on_mouse_move(pos, rel, buttons):  # 当鼠标移动时执行
    if live > 0:  # 生命数大于0才执行
        hero.x = pos[0]  # 玩家飞机的x坐标设为鼠标的x坐标
        hero.y = pos[1]  # 玩家飞机的y坐标设为鼠标的y坐标

def count():
    global time
    time += 1 # 计时，每秒时间+1

    x = WIDTH//2   # 设为小球的x坐标
    y = random.randint(5, HEIGHT//10)   # 设为小球的y坐标
    vx = random.choice([-3, -2, -1, 1, 2, 3])  # 小球x方向的速度
    vy = random.randint(1, 3)  # 小球y方向的速度

    # 每隔2s，加一个小球，并且小球数目不超过20
    if time % 2 == 0 and len(balls) <= 20:
        r = 3       # 小球的半径
        color = 'black'  # 小球的颜色
        ball = Ball(x, y, vx, vy, r, color) # 定义ball对象
        balls.append(ball)  # 把该小球的信息添加到balls中
        sounds.throw.play()

    # 当普通小球数目达到20个时，再加一种智能小球
    if time % 20 == 0 and len(balls) >= 10:
        r = 5       # 小球的半径
        color = 'red'  # 小球的颜色
        # 定义smartball对象
        smartball = SmartBall(x,y,vx,vy, r, color, hero.x, hero.y)
        balls.append(smartball)  # 把该小球的信息添加到balls中
        sounds.shakeeyes.play()

    for smartball in balls: # 每秒钟更新一次智能小球的速度
        if isinstance(smartball, SmartBall): # 判断是智能小球对象
            smartball.targetX = hero.x # 智能小球的目标位置
            smartball.targetY = hero.y
            # 通过目标更新智能小球的速度
            smartball.updateVelforTarget()

    clock.schedule_unique(count, 1) #下一次隔1s调用count()函数

count()  # 调用函数运行
pgzrun.go()   # 开始执行游戏
```

练习 12-3

```
import pgzrun  # 导入游戏库
WIDTH = 1200    # 设置窗口的宽度
HEIGHT = 900   # 设置窗口的高度

class Player(): # 定义玩家控制的角色类，带分解动画和移动功能
    Anims = []  # 所有的分解动作图片，存在列表当中
    numAnims = None  # 分解动作图片的张数
    animIndex = None  # 需要显示的动作图片的序号
    animSpeed = None  # 用于控制行走动画速度
    player_x = None  # 玩家的x坐标
    player_y = None   # 玩家的y坐标
    vx = None   # 玩家x方向的速度

    # 构造函数，参数：分解动作图像列表、x、y坐标、x方向速度
    def __init__(self, Anims, player_x, player_y,vx):
        self.Anims = Anims
        self.numAnims = len(Anims)  # 分解动作图片的张数
        self.player_x = player_x  # 设置角色的x坐标
        self.player_y = player_y  # 设置角色的y坐标
        self.vx = vx             # 设置玩家x方向的速度
        self.animIndex = 0  # 需要显示的动作图片的序号
        self.animSpeed = 0  # 用于控制行走动画速度
        for i in range(self.numAnims):
            self.Anims[i].x = player_x  # 设置所有动作图片的x坐标
            self.Anims[i].y = player_y  # 设置所有动作图片的y坐标

    def draw(self):  # 绘制函数
        self.Anims[self.animIndex].draw() # 绘制当前分解动作图片

    def MoveRight(self):  # 向右移动时的一些操作
        self.player_x += self.vx  # 角色向右移动
        for i in range(self.numAnims): #所有分解动作图片更新x坐标
            self.Anims[i].x = self.player_x
        if (self.player_x >= WIDTH):  # 角色走到最右边
            self.player_x = 0  # 再从最左边出现
        self.animSpeed += 1  # 用于控制动作动画速度
        if self.animSpeed % 5 == 0:  # 动作动画速度是移动速度的1/5
            self.animIndex += 1  # 每一帧分解动作图片序号加1
            # 放完最后一个分解动作图片了
            if self.animIndex >= self.numAnims:
                self.animIndex = 0  # 再变成第一张分解动作图片

# 定义两个Player对象，并初始化
# 两个角色的分解动作图片、初始位置、速度不一样
player1 = Player([Actor('阿短1'), Actor('阿短2'), Actor('阿短3'),
          Actor('阿短4'), Actor('阿短5')], WIDTH/10, HEIGHT/4, 5)
player2 = Player([Actor('小可1'), Actor('小可2'), Actor('小可3'),
         Actor('小可4'), Actor('小可5')], WIDTH/10, 3*HEIGHT/4, 4)

def draw():    # 绘制模块，每帧重复执行
```

```
    screen.fill('gray')  # 灰色背景
    player1.draw()  # 绘制角色1
    player2.draw()  # 绘制角色2

def update():  # 更新模块，每帧重复操作
    if keyboard.right:  # 如果按下键盘向右方向键
        player1.MoveRight()    # 角色1向右移动
        player2.MoveRight()    # 角色2向右移动

pgzrun.go()  # 开始执行游戏
```

第 13 章

练习 13-1

```
from PIL import Image # 导入图像处理库
# 打开一个图像文件，注意是文件路径
im = Image.open('images\image1_crop.jpg')
w, h = im.size  # 获得图像文件尺寸
step = 150 # 小图片的宽、高均为150px
for i in range(5):  # 对行循环
    for j in range(5):  # 对列循环
        # 利用box对图像进行剪裁
        box = (i*step, j*step, (i+1)*step, (j+1)*step)
        index = j*5+i+1 # 裁剪出的小图像编号
        pic = im.crop(box) # 裁剪图像
        # 待保存的图像名
        filename = "images\image_"+str(index)+".jpg"
        pic.save(filename) # 保存裁剪好的小图像
```

练习 13-2

```
# 其他部分代码同13-3-1.py
# 将py图片复制粘贴到pic图片的左下角
copyPic.paste(py, (0, h_pic-h_py))
```

练习 13-3

```
from PIL import Image  # 导入图像处理库
w = 300 # 设定最终长图的宽度

# 打开要添加到上面的图片文件
im_up = Image.open("images\\up.jpg")
w_up, h_up = im_up.size  # 图像尺寸
h_up = h_up*w//w_up  # 调整后图像高度
im_up = im_up.resize((w, h_up))  # 调整大小

# 打开要添加到下面的图片文件
im_down = Image.open("images\\down.jpg")
# 调整图像大小，上下图片的高度需要一样，这样九宫格缩略图才能在中间
```

```
im_down = im_down.resize((w, h_up))  # 调整大小

# 打开九宫格图片之一，添加在长图中间
im_mid = Image.open("images\\image2.jpg")
w_mid, h_mid = im_mid.size  # 九宫格小图片尺寸
h_mid = h_mid*w//w_mid  # 调整后图像高度
im_mid = im_mid.resize((w, h_mid))  # 调整大小

# 新建图像，3张图上下拼成一张长图
newImage = Image.new('RGB', (w, h_up+h_mid+h_up), 'black')
newImage.paste(im_up, (0, 0))
newImage.paste(im_mid, (0, h_up))
newImage.paste(im_down, (0, h_up+h_mid))

# 保存新建图片
newImage.save('images\\newImage1.jpg')
```

练习 13-4

```
from PIL import Image  # 导入图像处理库
# 新建图像，设置宽高，初始化为黑色
im = Image.new('RGB', (580, 460), (0, 0, 0))
px = im.load()  # 导入图片像素

# 假设黑色方块高100px，白色长条高20px，交替出现
# 对横坐标而言，i取余120，余数范围在100-119的是白色，其他为黑色
# 纵坐标对j同样处理填色
for i in range(580):
    for j in range(460):
        x = i % 120
        y = j % 120
        if 100 <= x <= 119 or 100 <= y <= 119:
            px[i, j] = 255, 255, 255  # 将像素设为白色

im.save('images\\跳动的点.jpg')
```

练习 13-5

```
from PIL import Image  # 导入图像处理库
# 打开头像图片文件
pic = Image.open("images\image1.jpg")
w_pic, h_pic = pic.size  # 获得图像文件尺寸
px = pic.load()  # 导入图片像素

num = 10 # 小方格的长宽
for i in range(w_pic):
    for j in range(h_pic):
        # 每个格子内取一个代表像素
        I = i - (i%num)/2
        J = j - (j%num)/2
        # 格子内所有像素的颜色都设为代表像素的颜色
```

```
        px[i, j] = px[I, J]

for i in range(w_pic):
    for j in range(h_pic):
        # 每个小格子间加一条白色线
        if i % num == 0 or j % num == 0:
            px[i, j] = 255, 255, 255

pic.save('images\\image1_像素化.jpg')
```

练习 13-6

```
import pgzrun  # 导入游戏库
r = 4 # 白色小球半径
h_gray = r*2 # 灰色长条的高
step = r * 15 # 两个白色小球之间的间隔、也是两个灰色长条间的间隔
WIDTH = 12*step + 3*h_gray  # 设置窗口的宽度
HEIGHT = 8*step + 3*h_gray  # 设置窗口的高度

def draw():  # 绘制模块，每帧重复执行
    screen.fill('black') # 黑色背景
    # 画出水平的多个灰色长方形
    for i in range(h_gray, HEIGHT-h_gray, step):
        box = Rect((0, i), (WIDTH, h_gray))
        screen.draw.filled_rect(box, (150, 150, 150))
    # 画出竖直的多个灰色长方形
    for i in range(h_gray, WIDTH-h_gray, step):
        box = Rect((i, 0), (h_gray, HEIGHT))
        screen.draw.filled_rect(box, (150, 150, 150))
    # 画白色小圆圈
    for i in range(h_gray, HEIGHT-h_gray, step):
        for j in range(h_gray, WIDTH-h_gray, step):
            screen.draw.filled_circle((j+r,i+r),h_gray,'white')

pgzrun.go()  # 开始执行游戏
```

练习 13-7

```
from MyQR import myqr  #导入二维码生成库
myqr.run(words='http://www.epubit.com/')#根据字符串生成标准二维码
```

```
from MyQR import myqr  # 导入二维码生成库
# 根据字符串、背景图片，生成个性化二维码
myqr.run(words='https://www.epubit.com/',
        picture='images\\image2.jpg', colorized=True)
```

按照一般Python教材中的讲解顺序，列出相应语法知识在书中出现的对应章节，便于读者查找：

五、循环

1. for 循环（3.2）
2. range 函数（3.2）
3. while 循环（11.6）
4. break、continue（9.5）
5. 循环的嵌套（3.5、3.6）

六、函数

1. 函数的定义与使用（9.9）
2. return（7.6）
3. 全局变量（2.6）

七、面向对象编程

1. 类和对象的定义（12.1）
2. 成员变量、成员函数、构造函数（12.1）
3. 继承（12.5）

八、文件读写（10.9）

九、Pygame Zero 游戏开发库

1. 游戏开发库的安装（2.1）
2. 程序基本框架（2.2、2.6）
3. 窗口大小与坐标系（2.4、2.9）
4. 基本元素的绘制
   （1）空心圆、实心圆（2.2）
   （2）线条（10.8）
   （3）长方形（13.4）
   （4）背景（2.3）
   （5）颜色的表示与设置（2.3、3.3）
5. 图片元素
   （1）图片的导入与显示（5.1、7.6）
   （2）坐标位置（5.2、8.2）
   （3）旋转与锚点（6.2）
   （4）碰撞检测（5.5）
   （5）相对位置的判断（8.3）
   （6）序列图片动画（8.8）